特高压直流工程建设管理实践与创新

TEGAOYA ZHILIU GONGCHENG JIANSHE GUANLI SHIJIAN YU CHUANGXIN

线路工程

标准化作业指导书

国家电网公司直流建设分公司 编

U0246654

中国电力出版社

CHINA ELECTRIC POWER PRESS

内 容 提 要

为全面总结十年来特高压直流输电工程建设管理的实践经验，国家电网公司直流建设分公司编纂完成《特高压直流工程建设管理实践与创新》丛书。本丛书分标准化管理、标准化作业指导书、典型经验和典型案例四个系列，共 12 个分册。

本书为《特高压直流线路工程标准化作业指导书》分册。包括线路复测标准化作业指导书、基础施工标准化作业指导书、铁塔组立标准化作业指导书、接地施工标准化作业指导书、架线施工标准化作业指导书、线路防护施工标准化作业指导书 6 个部分。

本丛书可用于指导后续特高压直流工程建设管理，并为其他等级直流工程建设管理提供经验借鉴。

图书在版编目（CIP）数据

特高压直流工程建设管理实践与创新. 线路工程标准化作业指导书/国家电网公司直流建设分公司编. —北京：中国电力出版社，2017.12
ISBN 978-7-5198-1536-3

Ⅰ. ①特… Ⅱ. ①国… Ⅲ. ①特高压输电–直流输电–输电线路–电力工程–标准化管理
Ⅳ. ①TM726.1

中国版本图书馆 CIP 数据核字（2017）第 310191 号

出版发行：中国电力出版社
地　　址：北京市东城区北京站西街 19 号（邮政编码 100005）
网　　址：http://www.cepp.sgcc.com.cn
责任编辑：吴　冰（010-63412356）
责任校对：王开云
装帧设计：张俊霞　左　铭
责任印制：邹树群

印　　刷：北京大学印刷厂
版　　次：2017 年 12 月第一版
印　　次：2017 年 12 月北京第一次印刷
开　　本：787 毫米×1092 毫米　16 开本
印　　张：11
字　　数：244 千字
印　　数：0001—2000 册
定　　价：55.00 元

序 言

  建设以特高压电网为骨干网架的坚强智能电网，是深入贯彻"五位一体"总体布局、全面落实"四个全面"战略布局、实现中华民族伟大复兴的具体实践。国家电网公司特高压直流输电的快速发展以向家坝—上海±800kV特高压直流输电示范工程为起点，其成功建成、安全稳定运行标志着我国特高压直流输电技术进入全面自主研发创新和工程建设快速发展新阶段。

  十年来，国家电网公司特高压直流输电技术和建设管理在工程建设实践中不断发展创新，历经±800kV向上、锦苏、哈郑、溪浙、灵绍、酒湖、晋南到锡泰、上山、扎青等工程实践，输送容量从640万kW提升至1000万kW，每千千米损耗率降低到1.6%，单位走廊输送功率提升1倍，特高压工程建设已经进入"创新引领"新阶段。在建的±1100kV吉泉特高压直流输电工程，输送容量1200万kW、输送距离3319km，将再次实现直流电压、输送容量、送电距离的"三提升"。向上、锦苏、哈郑等特高压工程荣获国家优质工程金奖，向上特高压工程获得全国质量奖卓越项目奖，溪浙特高压双龙换流站荣获2016年度中国建设工程鲁班奖等，充分展示了特高压直流工程建设本质安全和优良质量。

  在特高压直流输电工程建设实践十年之际，国网直流公司全面落实专业化建设管理责任，认真贯彻落实国家电网公司党组决策部署，客观分析特高压直流输电工程发展新形势、新任务、新要求，主动作为开展特高压直流工程建设管理实践与创新的总结研究，编纂完成《特高压直流工程建设管理实践与创新》丛书。

  丛书主要从总结十年来特高压直流工程建设管理实践经验与创新管理角度出发，本着提升特高压直流工程建设安全、优质、效益、效率、创新、生态文明等管理能力，提炼形成了特高压直流工程建设管理标准化、现场标准化作业指导书等规范要求，总结了特高压直流工程建设管理典型经验和案例。丛书既有成功经验总结，也有典型案例汇编，既有管理创新的智慧结晶，也有规范管理的标准要求，是对以往特高压输电工程难得的、较为系统的总结，对后续特高压直流工程和其他输变电工程建设管理具有很好的指导、借鉴和启迪作用，必将进一步提升特高压直流工程建设管理水平。丛书分标准化管理、标准化作业指导书、典型经验和典型案例四个系列，共 12 个分册 300 余万字。希望丛书在今后的特高压建设管理实践中不断丰富和完善，更好地发挥示范引领作用。

特此为贺特高压直流发展十周年，并献礼党的十九大胜利召开。

2017 年 10 月 16 日

前　言

　　自2007年中国第一条特高压直流工程——向家坝–上海±800kV特高压直流输电示范工程开工建设伊始，国家电网公司就建立了权责明确的新型工程建设管理体制。国家电网公司是特高压直流工程项目法人；国网直流公司负责工程建设与管理；国网信通公司承担系统通信工程建设管理任务。中国电力科学研究院、国网北京经济技术研究院、国网物资有限公司分别发挥在科研攻关、设备监理、工程设计、物资供应等方面的业务支撑和技术服务的作用。

　　2012年特高压直流工程进入全面提速、大规模建设的新阶段。面对特高压电网建设迅猛发展和全球能源互联网构建新形势，国家电网公司对特高压工程建设提出"总部统筹协调、省公司属地建设管理、专业公司技术支撑"的总体要求。国网直流公司开展"团队支撑、两级管控"的建设管理和技术支撑模式，在工程建设中实施"送端带受端、统筹全线、同步推进"机制。在该机制下，哈密南–郑州、溪洛渡–浙江、宁东–浙江、酒泉–湘潭、晋北–南京、锡盟–泰州等特高压直流工程成功建设并顺利投运。工程沿线属地省公司通过参与工程建设，积累了特高压直流线路工程建设管理经验，国网浙江、湖南、江苏电力公司顺利建成金华换流站、绍兴换流站、湘潭换流站、南京换流站以及泰州换流站等工程。

　　十年来，特高压直流工程经受住了各种运行方式的考验，安全、环境、经济等各项指标达到和超过了设计的标准和要求。向家坝–上海、锦屏–苏州南、哈密南–郑州特高压直流输电工程荣获"国家优质工程金奖"，溪洛渡–浙江双龙±800kV换流站获得"2016～2017年度中国建筑工程鲁班奖"等。

　　《线路工程标准化作业指导书》根据特高压直流线路分部工程进行划分，分为六个部分。各部分均作为一个管理完整的流程进行组织管理，包括概述（工作依据和工程特点）、作业流程、职责划分、程序与标准、作业准备、过程管控（安全、质量、进度、合同与技经）、质量验收、管控记录和管理考核等内容。

　　本书在编写过程中，得到工程各参建单位的大力支持，在此表示衷心感谢！书中恐有疏漏之处，敬请广大读者批评指正。

编　者

2017 年 9 月

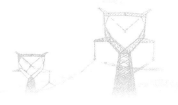

特高压直流工程建设管理实践与创新

——线路工程标准化作业指导书

目 录

序言
前言

线路复测标准化作业指导书

目　　次

封面样式

×××±×××kV 特高压直流线路工程
××段线路复测标准化作业指导书

编制单位：

编制时间：　　　年　　月　　日

审批页样式

审 批 页

批　　准：(建管单位分管领导)　　　　　　年　月　日

审　　核：(线路部)　　　　　　　　　　　年　月　日

　　　　　(安质部)　　　　　　　　　　　年　月　日

编　　写：(业主项目经理)　　　　　　　　年　月　日

　　　　　(项目职能人员)　　　　　　　　年　月　日

1 概述

1.1 相关说明

1.1.1 术语和定义

（1）线路复测：在线路施工前，按有关技术标准、规范，对设计塔位、档距、塔基地形地貌、线路通道障碍物、交叉跨越物进行全面的复核。确认塔基定位是否准确，档距、交叉跨越净距、基面处理等是否与设计一致，校核设计图纸中通道内房屋、林木及其他障碍物的处理方式和数量是否与现场一致；检查护坡、排水沟、挡土墙、余土外运处理、植被恢复等环、水保措施是否科学、合理。近年来，设计勘察测量时一般采用 GPS 测量方法。根据"施工复测的测量方法与设计测量所使用的测量方法完全相同"的原则，线路复测采用 GPS 测量方法。

（2）五方签证：由建管、设计、监理、施工、运检五家单位共同对设计基本概况（地形地貌、典型示意图）、护坡、排水沟、挡土墙、余土外运、尖峰基面开方、巡检道路、房屋拆迁、林木砍伐等线路复测结果进行签字确认。

1.1.2 适用范围

本作业指导书适用于±800kV 特高压直流输电线路工程线路复测标准化作业，其他电压等级直流输电线路工程可参照执行。

1.1.3 工作依据

业主项目部线路复测标准化作业的工作依据为现行的国标、行标、企标有效版本和工程设计相关文件，主要为：

（1）GB 50026—2007《工程测量规范》。

（2）GB 50319—2013《建设工程监理规范》。

（3）DL/T 5234—2010《±800kV 及以下直流输电工程启动及竣工验收规程》。

（4）DL/T 5235—2010《±800kV 及以下直流架空输电线路工程施工及验收规程》。

（5）DL/T 5236—2010《±800kV 及以下直流架空输电线路工程施工质量检验及评定规程》。

（6）Q/GDW 1225—2014《±800kV 架空送电线路施工及验收规范》。

（7）Q/GDW 1226—2014《±800kV 架空送电线路施工质量检验及评定规程》。

（8）Q/GDW 10248—2016《输变电工程建设标准强制性条文实施管理规程》。

（9）《国家电网公司电力安全工作规程 电网建设部分（试行）》（2016 年版）。

（10）国网（基建/2）173—2015《国家电网公司基建安全管理规定》。

（11）基建质量〔2010〕19 号 关于印发《国家电网公司输变电工程质量通病防治工作要求及技术措施》的通知。

（12）《架空输电线路"三跨"重大反事故措施（试行）》。

（13）设计总说明书、杆塔明细表、平断面图、塔基平断面图等设计图纸。

1.2 工程特点

编写要点：列清标段线路长度、途经区域、塔基数量（耐张、直线塔数量）、重要交叉跨越情况、主要地形地貌及自然气候条件、通道障碍物主要类型。

2 作业流程及职责划分

2.1 线路复测标准化作业流程图

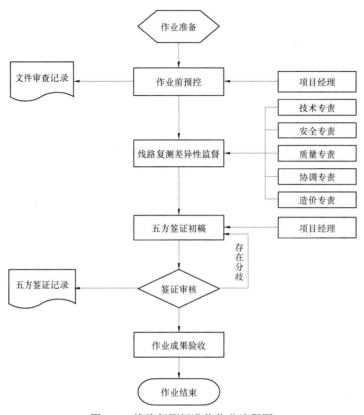

图 2-1 线路复测标准化作业流程图

2.2 职责划分

业主项目部各主要管理人员在线路复测作业阶段的主要职责，见表2-1。

表 2-1　　　　　　　　　　业主项目部人员职责划分表

序号	人员类别	职　责	备注
1	项目经理	督促监理、设计、施工、运行单位从图纸、人员、器具等方面准备并有序开展复测工作，及时组织完成五方签证	
2	技术专责	全过程参与线路复测工作，并就复测过程中发现的各类问题从技术层面提出建设管理单位的意见	
3	安全专责	全过程参与线路复测工作，关注并统计主要交叉跨越物、作业环境，为后续开展风险辨识及风险管控做准备	
4	质量专责	全过程参与线路复测工作，并围绕工程后续创优，提出相关建议	
5	协调专责	推动属地公司积极协调地方政府及林业等部门，取得复测进场许可	
6	造价专责	参与线路复测工作，重点关注房屋拆迁、林木砍伐、通道内新增构筑物等可能会带来设计变更或现场签证的五方签证事项	

3 作业准备

作业准备工作涵盖参与复测的人员、测量器具、车辆、设计图纸、路径协议、复测记录表及五方签证单等准备工作。

3.1 人力资源

组织业主项目部协调技术、安全、质量、造价专责到岗；督促监理、施工单位主要管理人员到位并熟悉图纸，协调并落实设计、运行单位参与复测工作。

3.2 器具、物资与车辆

督促施工单位配置 GPS、全站仪和配套棱镜（经纬仪和塔尺）、花杆、钢（皮）尺、木桩、铁锤、红油漆等测量必备器具和物资；测量器具和测工资质及时报送监理审核。督促施工、监理单位提前准备好线路复测所需车辆，并保证其性能完好。

3.3 技术资料

督促设计单位及时交付路径地形图、平断面图、杆塔明细表、塔基断面图、塔位坐标、岩土工程勘测报告等设计资料；督促监理、施工单位编制线路复测作业指导书，并履行编、审、批手续；督促施工单位提前准备线路复测记录表和五方签证单。

3.4 作业环境

推动属地公司积极协调地方政府及林业等部门取得复测进场许可，并明确进入林区、草原、景区、自然保护区、文物保护区等敏感区域开展线路复测作业的注意事项。

4 作业程序与标准

序号	作业程序	责任人	作业标准	作业风险	预控措施
01	作业前预控	项目经理	督促各参建单位高效有序完成复测各项准备工作，确保设计资料齐全，参与复测的人员到位，各类测量器具检定合格，测量所需物资、车辆和各类记录表格准备完备，进场开展线路复测作业许可取得	线路复测准备工作未完成或相关准备不符合要求就开展作业，导致作业无法正常开展、作业延期或复测结果不准确	不具备作业条件作业时，立即下发工程暂停令，并报备建设管理单位，同时督促监理、设计或施工单位整改
02	线路复测监督	技术专责 安全专责 质量专责 造价专责	参与线路复测全过程作业，确保复测逐基逐档开展、重要交叉跨越逐一校核、通道障碍物逐点测量记录、通道内新增构筑物逐一测量统计、线路防护设施和水保措施逐一复核、复测记录填写与复测工作同步	未开展线路复测监督工作或开展线路复测监督工作不到位，出现线路复测项目不完整、数据不真实、设计与现场不符等问题，导致后续出现设计变更或现场签证	制定线路复测作业工作计划，落实业主项目部主要管理人员职责和相关工作要求并按计划积极参与复测，督促现场依据线路复测作业指导书有序规范开展复测工作。发现问题及时指出，督促整改
03	五方签证	项目经理	线路复测结束三个工作日之内及时组织监理、设计、施工、运行单位开展五方签证工作，确保签证内容齐全、数据真实、签章有效	未及时开展五方签证工作、签证内容不齐全、数据不真实或签证单签字盖章不齐，导致后续出现因通道新增构筑物而产生设计变更或现场签证以及运行交接分歧	组织召开由各参建单位项目负责人参与的五方签证专题工作会，明确五方签证相关要求，协调沟通签证过程中存在的问题，形成签证共识

序号	作业程序	责任人	作业标准	作业风险	预控措施
04	作业成果验收	技术专责 质量专责	核查线路复测记录和五方签证记录，确保记录齐全、数据真实准确、五方签证规范有效	未开展作业验收或验收工作不仔细，导致记录和签证不满足《直流输电工程线路工程档案整理手册》《直流输电工程线路工程技术资料手册》要求，影响工程档案移交及工程后续创优	线路复测和五方签证工作完成三个工作日以内督促施工单位报备线路复测记录、线路复测作业照片和五方签证。采取技术和质量双重把关审核、督促整改方式，切实保证记录和签证准确真实反映现场实际工况

5 安全管控

5.1 安全风险辨识及预控

作业前，督促施工、监理单位细化辨识线路复测作业主要风险，建立风险台账，制定相应有针对性的预控措施，同时全程参与作业，并督促安全防控措施落实，确保作业安全。线路复测安全风险及预控措施主要有以下五个方面。

5.1.1 带火种进入林区引发火灾

预控措施：严格林区防火宣传和教育；作业人员进入林区前火种全部上缴；加强作业过程监督，切实杜绝人员吸烟或使用明火。

5.1.2 复测人员被蛇虫叮咬或野生动物袭击

预控措施：穿高帮鞋（皮靴），穿着长衣长裤，戴帽子，扣紧衣领、袖口、裤口；沿现有路径行走，尽量不自行开路；涂抹和携带防蛇虫药物；配备一定数量的驱赶蛇虫及野生动物的棍棒；遇见野生动物沉着冷静、保持警惕，伺机离开或等待复测小组成员救助。

5.1.3 线路复测人员无人区迷路

预控措施：请当地人做向导；携带可靠的通信设备和定位设备；复测成员相互照应，转移作业点时及时清理人数；作业人员若迷路应原地等待救援。

5.1.4 河网地带人员溺水

预控措施：加强人员教育，严禁作业人员私自下河洗澡；作业人员应了解当地水文气象特征；坐船渡河时，应穿救生衣。

5.1.5 崎岖山路车辆跌落山崖

预控措施：选择有山区行车经验的驾驶员；沿道路中间或靠山一侧按规定车速行驶；路况不明应下车勘察确认安全后方可通过；遇有山体易出现落石的路段，应提高警惕，观察后通过。

5.2 安全文明施工

5.2.1 人员着装

参与线路复测作业全体人员须穿工作服，严禁穿拖鞋、凉鞋、高跟鞋，以及短袖短裤、裙子等进入复测作业现场。

5.2.2 动植物保护

复测作业时严格遵守环保施工相关规定，严禁乱砍滥伐、私自捕猎野生动物。

5.2.3 民风民俗

在少数民族地区作业时要严格遵守当地的民风民俗，避免引发不必要的矛盾和纷争。

5.2.4 生活垃圾

复测过程中作业人员生活垃圾须及时清理、就地掩埋或带离现场。

6 质量管控

督促现场复测的参建单位围绕塔位复测、交叉跨越复测、档距复测、通道复测等关键工作细化质量管控要点，落实管控措施，确保复测工作规范、成果准确。

6.1 质量管控要点

6.1.1 塔位复测

管控措施：检查塔位明细表与塔位平断面图中各塔位基础型式、塔基基面情况、杆塔塔型、呼称高是否对应；塔位高程是否与设计图纸一致；塔位处是否存在有机耕道路、乡村公路、鱼塘、农田灌溉设施等影响基础布置的构筑物情况；塔基高低腿设置或降基是否合理，是否存在个别基础深埋、外露高度超差或边坡保护不够的情况；排水沟、挡土墙、防撞桩等防护措施设置是否合理。

6.1.2 交叉跨越复测

管控措施：测量各类交叉跨越物的交叉跨越角度、跨越距离是否满足设计规程要求；重要交叉跨越是否满足"三跨"要求。

6.1.3 档距复测

管控措施：核对断面档距与塔位明细表档距是否一致；不允许接头档是否明确且符合设计规程要求，是否存在连续不允许接头出现导地线盘长不够而无法施工的情况；核查相关设计术语的定义与以往工程是否有差异。

6.1.4 通道复测

管控措施：复核线路通道林木、房屋及其他构筑物的处理方式、位置和数量是否与通道清理一览表一一对应，且需校核其处理方式是否满足验收和运行规程要求。

6.2 质量通病与防治措施

6.2.1 杆塔位置与平、断面图不符，与重要跨越物间的安全距离不足，发现新增加的跨越物等。

防治措施：通知设计单位校核，及时反馈校核意见。

6.2.2 线路方向桩、转角桩、杆塔中心桩丢失或移动。

防治措施：补钉、校正丢失或移动的线路方向桩、转角桩、杆塔中心桩，设置明显的区分标识，并采取可靠的固定措施。

6.2.3 线路途经山区时，边导线在风偏状态下对山体的距离不足。

防治措施：对在风偏状态下边导线对山体的距离可能存在不足的线档逐档测量、计算校核，发现问题及时反馈设计单位处理。

7 管控记录

作业过程中应形成如表 7-1 所示记录表格，表格样式见附录 A～附录 C。

表 7-1 复 测 管 控 记 录 表

序号	记录名称	份数	保存单位
1	本体单基复测"五方签证"表	5	各签证单位
2	线路通道房屋拆迁"五方签证"表	5	各签证单位
3	线路通道林木砍伐"五方签证"表	5	各签证单位

8 考核

8.1 作业过程指标

无。

8.2 作业结果指标

无。

附 录 A

本体单基复测"五方签证"表（××施工标段）

填写说明：

1. ××送变电公司自××年××月××日至××月××日对××±××特高压直流输电线路工程（××标段）N××-N
××共计××基杆塔进行了线路复测。

2. 参加五方签证的单位有：××公司（建管单位）、××送变电工程公司（运检单位）、××监理有限责任公司（监理单位）、××电力设计研究院有限公司（设计院）、××送变电建设公司（施工单位）。

塔号	设计基本概况（地形地貌、典型示意图）	保坎、护坡、排水渠、挡土墙	余土外运	尖峰、基面开方	巡检道路	特殊安全措施	特殊质量措施	其他

建管单位（项目经理）　　运行单位：　　　　监理单位（总监）：　　设计单位（设总）：　　施工单位（项目经理）：

（签字盖章）　　　　　（签字盖章）　　　（签字盖章）　　　　　（签字盖章）　　　　（签字盖章）

　年　月　日　　　　　年　月　日　　　　年　月　日　　　　　年　月　日　　　　　年　月　日

附 录 B

线路通道房屋拆迁"五方签证"表（××施工标段）

填写说明：

1. ××送变电公司自××年××月××日至××月××日对××±××特高压直流输电线路工程（××标段）N××-N××共计××基杆塔进行了线路复测。

2. 参加五方签证的单位有：××公司（建管单位）、××送变电工程公司（运检单位）、××监理有限责任公司（监理单位）、××电力设计研究院有限公司（设计院）、××送变电建设公司（施工单位）。

序号	所属省市	施工标段	杆塔区间	房主姓名	所属村镇	房屋性质	房屋层数	房屋面积（m²）				拆除工作计划
								初设量	施工图招标量	四（五）方签证量	目前实际量	
1												
2												

建管单位（项目经理）　　运行单位：　　　　监理单位（总监）：　　设计单位（设总）：　　施工单位（项目经理）：
（签字盖章）　　　　　（签字盖章）　　　（签字盖章）　　　　（签字盖章）　　　　（签字盖章）
　年　月　日　　　　　年　月　日　　　　年　月　日　　　　年　月　日　　　　年　月　日

附 录 C

线路通道林木砍伐"五方签证"表（××施工标段）

填写说明：

1. ××送变电公司自××年××月××日至××月××日对××±××特高压直流输电线路工程（××标段）N××-N××共计××基杆塔进行了线路复测。

2. 参加五方签证的单位有：××公司（建管单位）、××送变电工程公司（运检单位）、××监理有限责任公司（监理单位）、××电力设计研究院有限公司（设计院）、××送变电建设公司（施工单位）。

序号	所属省市	施工标段	杆塔区间	林木所属性质	林木种类	成片林或零星	现有高度（m）	自然生长高度（m）	数量（棵/亩）				净空距离（按自然生长高度）	清理工作计划
									初设量	施工图招标量	四（五）方签证量	目前实际量		

建管单位（项目经理） 运行单位： 监理单位（总监）： 设计单位（设总）： 施工单位（项目经理）：

（签字盖章）　（签字盖章）　（签字盖章）　（签字盖章）　　（签字盖章）

年 月 日　　年 月 日　　年 月 日　　年 月 日　　　年 月 日

二

基础施工标准化作业指导书

目　次

封面样式

×××±×××kV特高压直流线路工程
基础施工标准化作业指导书

编制单位：

编制时间：　　年　　月　　日

审批页样式

审 批 页

批　　准：（建管单位分管领导）　　　　年　月　日

审　　核：（线路部）　　　　　　　　　　年　月　日

　　　　　（安质部）　　　　　　　　　　年　月　日

编　　写：（业主项目经理）　　　　　　　年　月　日

　　　　　（项目职能人员）　　　　　　　年　月　日

1 概述

1.1 相关说明

1.1.1 术语和定义

（1）基础工程：采用工程措施，改变或改善基础的天然条件，使之符合设计要求的工程。包括挖孔基础、大开挖基础、灌注桩基础、岩石锚杆基础、装配式基础等基础型式。

（2）巡视：对正在施工的部位或工序在现场进行定期或不定期的监督检查活动。

1.1.2 适用范围

本作业指导书适用于××±××kV 特高压直流输电线路工程基础分部工程建设管理标准化作业，其他特高压直流输电线路工程可参照执行。

1.1.3 工作依据

业主项目部基础施工标准化作业的工作依据为现行的国标、行标、企标有效版本和工程设计相关文件，主要为：

（1）GB/T 14902—2012《预拌混凝土》。

（2）GB 50496—2009《大体积混凝土施工验收规范》。

（3）DL/T 5234—2010《±800kV 及以下直流输电工程启动及竣工验收规程》。

（4）DL/T 5235—2010《±800kV 及以下直流架空输电线路工程施工及验收规程》。

（5）DL/T 5236—2010《±800kV 及以下直流架空输电线路工程施工质量检验及评定规程》。

（6）JGJ 18—2012《钢筋焊接及验收规程》。

（7）JGJ 107—2010《钢筋机械连接技术规程》。

（8）Q/GDW 1225—2015《±800kV 架空送电线路施工及验收规范》。

（9）Q/GDW 1226—2015《±800kV 架空送电线路施工质量检验及评定规程》。

（10）Q/GDW 248—2015《输变电工程建设标准强制性条文实施管理规程》。

（11）Q/GDW 250—2009《输变电工程安全文明施工标准》。

（12）《国家电网公司电力安全工作规程 电网建设部分（试行）》（2016 年版）。

（13）国家电网工〔2003〕153 号《电力建设工程施工技术管理导则》。

（14）国网（基建/2）173—2015《国家电网公司基建安全管理规定》。

（15）国网（基建/3）186—2015《国家电网公司输变电工程标准工艺管理办法》。

（16）基建质量〔2010〕19 号 关于印发《国家电网公司输变电工程质量通病防治工作要求及技术措施》的通知。

（17）《架空输电线路"三跨"重大反事故措施（试行）》。

（18）杆塔明细表、基础配置表、平断面图、基础施工图等设计图纸。

1.2 工程特点

1.2.1 工程简介

列清线路长度、途经区域、基础数量、基础型式、混凝土标号和工程量、地形地貌、地质及自然气候条件、交通条件、人文环境等。

1.2.2　工艺要求

列清工程设计和施工工艺方面的特殊要求：如基础开挖（成孔）、基础防腐、基础绝缘、桩基检测、试块养护、爬梯设置、倒角要求、接地设置、防护设施等。

2　作业流程

包含作业准备、基坑开挖（成孔）、验槽（孔）、钢筋制安、模板支设、混凝土浇（灌）筑、混凝土养护、拆模、场地清理、退场等作业环节。具体流程见图2-1。

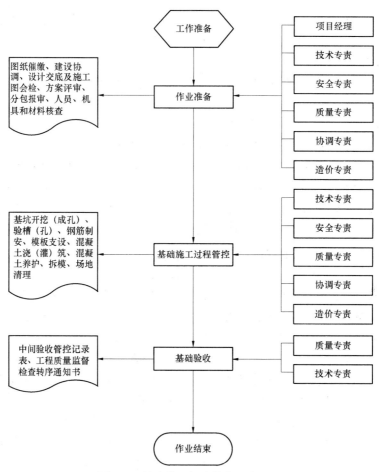

图2-1　基础施工标准化作业流程图

3　职责划分

业主项目部各主要管理人员在基础分部工程阶段的主要职责，见职责划分表3-1。

表 3-1　　　　　　　　　　　　　业主项目部人员职责划分

序号	人员类别	职　责	备注
1	项目经理	联系、推动、协助、配合相关单位及时开展开工手续办理，督促监理、设计、施工等单位围绕人、机、法、环、料五个方面落实基础工程标准化开工条件，参与基础工程设计交底暨基础施工图会检和特殊基础施工方案专家评审，签署基础分部工程标准化开工各项报审文件，组织开展基础首基试点方案审查，参与首基试点施工和试点总结，组织对基础施工安全、质量、技术、造价管理工作落实情况进行月度检查、分析和纠偏，适时组织召开专题协调会解决基础工程施工中存在的问题，及时完成现场设计变更、现场签证审核，月度进度款拨付和安措费使用计划审批，确保基础工程安全、规范、有序推进	
2	技术专责	组织设计交底暨基础施工图会检和特殊基础施工方案专家评审，负责基础分部工程标准化开工技术类文件审核，参与基础方案审查、基础试点施工和试点总结，参与工程现场月度巡查，督促施工和监理单位在基础施工过程中严格执行"三通一平"等标准化建设要求，协调解决基础施工过程中出现的技术争议，负责基础分部工程相关科研课题、工法、QC技术攻关的组织、推进、结题，及时反馈报送有关信息，确保施工技术的准确输入	
3	安全专责	负责基础分包计划、分包商资质等基础工程标准化开工安全类文件审核，参与设计交底暨基础施工图会检和特殊基础施工方案专家评审，参与基础试点方案审查、基础试点施工和试点总结，爆破、深基坑开挖等四级风险作业到岗到位，组织开展工程现场日常安全巡查，参与工程现场月度检查，督促检查基建安全管理在工程过程中的落实情况，重点关注现场安全文明施工、安全技术方案落实、人员教育培训、施工技术交底、班前会、人员到岗到位、同进同出、持证上岗、作业票使用、施工机具和安全防护用品具配置及使用、施工用电安全、安措费使用等事项，负责设计、施工、监理项目部基础工程施工安全管理工作考核、评价及项目建设安全信息上报、传递和发布	
4	质量专责	参与设计交底暨基础施工图会检和特殊基础施工方案专家评审，负责基础工程标准化开工质量创优类文件审核，参与基础方案审查、基础试点施工和试点总结，组织开展基础工程质量例行检查、随机抽查活动，督促质量强制性条文、防质量通病和质量创优措施得到有效落实，确保标准工艺得到全面应用；编制基础分部工程中间验收办法，督促施工和监理有效开展三级自检和初检，科学组织基础分部工程中间验收，起草中间验收报告；联系协调质量监督总站并统筹安排做好杆塔组立前质量监督检查迎检、整改闭环工作；组织做好地基基础、结构评价和创优咨询相关工作	
5	协调专责	配合业主项目经理组织开展基础施工外部协调及政策处理工作，检查并跟踪开工手续办理情况，推动落实标准化开工条件；督促设计、施工、监理等单位严格执行基础施工进度计划，并每月检查进度计划执行情况，分析进度偏差原因，提出纠偏措施；负责工程月度例会和专题协调会的组织工作，编制会议纪要，审核工程建设月报，印发工程相关单位并跟踪落实；应用基建管理信息系统开展信息管理工作，牵头组织基础分部工程相关信息、数据、数码照片的录入和上传工作；负责业主项目部来往文件的收发、整理、归档工作；根据档案标准化管理要求督促施工、监理等单位及时完成基础施工记录、数码照片、文件资料的收集、整理和组卷工作	
6	造价专责	参与设计交底暨基础施工图会检，负责基础工程进度款拨付、工程量审核，配合完成工程进度款申请、费用划拨等工作；负责基础设计变更和现场签证费用审核，并按规定权限报批；基础工程结束，及时组织设计、施工和监理单位开展基础工程预结算，并形成预结算报告	

4 程序与标准

基础分部工程作业程序、标准、风险及预控措施见表 4-1。

表 4-1   作业程序与标准管控表

序号	作业程序	责任人	作 业 标 准	作业风险	预控措施
01	作业准备	项目经理 技术专责 安全专责 质量专责 协调专责 造价专责	组织各参建单位高效有序完成基础施工各项准备工作，主要包括基础施工图纸催缴、建设协调、设计交底及基础施工图会检、基础施工方案专家评审、基础施工分包报审等标准化开工资料审查、施工和监理单位人员、作业机具和材料准备工作情况核查，确保基础施工顺利开展	基础施工准备工作未完成或相关准备不符合要求就开展作业，导致作业无法正常开展、作业延期、工程安全和质量失控	不满足基础施工条件作业时，立即下发工程暂停令，并报备建设管理单位，同时督促设计、施工或监理单位整改
02	基础施工过程管控	技术专责 安全专责 质量专责 协调专责 造价专责	参与基础施工首基试点；开展例行检查、专项检查、随机检查、安全质量巡查等活动对现场安全质量技术措施落实、施工单位同进同出、人员到岗到位、安全文明施工情况、强条执行、安全质量通病防治措施、标准工艺应用等方面工作进行监督检查；利用影像资料等手段加强施工安全质量过程控制，对检查中发现的各类问题，下发检查问题整改通知单，要求责任单位整改并填写检查问题整改反馈表，对整改结果进行确认；对四级及以上风险作业到岗到位，确保现场安全施工、质量可控。定期盘点施工进度，对施工进度进行纠偏，确保施工进度符合施工计划目标，并按照基础施工进度支付施工预付款、进度款、设计费、监理费以及其他费用。组织开展基础施工工程量管理和资料归档工作，依据基础施工设计图纸、工程设计变更、现场签证及经各方确认的工程联系单等资料核对工程量，并编制完成施工工程量文件，并在基础工程结束后，组织相关单位开展基础工程预结算，并形成预结算报告。组织做好地基基础、结构评价和创优咨询相关工作	未开展基础施工过程管控或管控不到位，导致安全、质量问题、施工进度滞后及影响工程结算等后果	落实各级人员职责，按要求开展现场安全质量检查工作，督促现场依据基础施工方案有序开展作业。定期跟踪基础施工进度，出现进度滞后情况及时采取纠偏措施。督促各参建单位按时完成各项资料归档工作。对施工过程中发现的问题及时指出，督促整改
03	基础验收	技术专责 质量专责	编制基础施工中间验收方案，督促完成施工单位三级自检和监理单位初检工作；基础施工完成率达到 70% 时，按照验收规范的要求组织开展基础工程建管单位施工中间验收，起草并印发中间验收报告。协调并配合质量监督总站完成杆塔组立前质量监督检查	未按程序开展基础验收，导致基础质量不满足验收规范要求、档案资料不完整，影响工程转序	召开质量分析会、开展质量专项检查；督促监理单位做好基础施工旁站、质量检查、控制工作；组织开展标准工艺培训；利用影像资料等手段加强施工质量过程控制

5　作业准备

作业准备涵盖建设协调、设计交底及基础施工图会检、方案审查、标准化开工审查等四大方面的工作。

5.1　建设协调

5.1.1　外部协调

推动属地公司促请政府召开工程前期协调会，配合协调完成开工手续办理，做好基础施工用地外部协调和青赔拆迁等政策处理工作，重大制约性问题上报建设管理单位及时处理，确保基础工程依法合规建设，确保基础工程按计划如期开工。

5.1.2 内部协调

（1）动态跟踪地脚螺栓（插入式角钢）等甲供材料的生产进度和供货情况，及时协调解决物资供货中出现的问题。对于物资供货进度和质量问题按要求填写物资供应管控记录表。

（2）协调设计单位按计划将基础施工所涉及的路径地形图、平断面图、杆塔明细表、岩土工程勘测报告、基础施工图、基础配置表等设计资料蓝图提交现场，并派工代进驻现场做好设计配合与服务工作。

（3）协调施工和监理单位切实按项目管理实施规划和监理规划要求开展技术文件编制、人员教育培训、机具和物资准备等基础施工前期准备工作。

5.2 设计交底与施工图会检

5.2.1 设计交底

基础工程开工前，督促设计单位编制设计交底课件，并组织召开设计交底会，由设计向监理、施工、物资、运行等单位就设计思路、原则、工艺要求等进行逐一交底，同时签发设计交底会议纪要，填写设计交底管控记录表，确保设计意图在施工过程中得到有效落实。

5.2.2 施工图会检

基础工程开工前，及时督促监理、施工、物资、运行等单位开展基础施工图内审，各单位内审发现的问题或疑问由监理汇总并反馈设计，同时组织开展基础施工图会检，听取各单位施工图审查情况汇报，并就相关问题予以澄清和答疑，明确基础施工工艺标准和要求，签发基础施工图会检会议纪要，填写施工图会检管控记录表。

5.3 方案审查

5.3.1 内部审查

基础施工前，针对爆破、深基坑、灌注桩（含大跨越承台、连梁）等特殊基础施工作业，督促施工单位组织各职能部门对方案进行内部审查，并形成施工单位方案内部审查记录。

5.3.2 专家评审

在施工单位内部审查基础上，组织开展特殊基础施工方案专家评审，并形成特殊施工技术方案审查管控记录表，确保基础施工方案的科学性、适宜性和可操作性。

5.4 标准化开工审查

5.4.1 资料审查

基础施工前，检查并跟踪基础工程开工手续办理情况，组织对施工单位和监理单位上报的基础分包计划、分包商资质、分包人员信息、乙供材料、特殊基础施工方案、基础施工进度、工器具报审等标准化开工资料进行审查，落实标准化开工条件，填写标准化开工审查管控记录表和工程开工报审管控记录表，确保工程标准化开工。

5.4.2 现场核查

组织对施工和监理单位进入现场的人员、机具、物资、车辆等资源投入情况进行核查，确保现场各类资源投入与项目管理实施规划、监理规划、基础施工作业指导书等管理和技术文件相匹配，且满足现场进度、安全、质量管控要求。

6 作业过程管控

基础工程作业过程管控主要涉及安全、质量、进度、合同与技经五个方面相关工作。

6.1 安全管控

基础工程安全管控主要包含安全风险管控、安全文明施工和安全应急管理三个方面。

6.1.1 安全风险管理

执行《国家电网公司输变电工程施工安全风险识别评估及预控措施管理办法》，组织参建项目部落实基础施工安全风险管控要求。

（1）工程开工前，组织项目设计单位对施工、监理项目进行基础施工作业风险交底，以及风险作业初勘工作。

（2）组织施工单位编制基础分部工程《三级及以上施工安全固有风险识别、评估和预控清册》，并审批通过计算列入三级及以上风险作业的动态结果。

（3）执行"输变电工程三级及以上施工安全风险管理人员到岗到位要求"，针对基础爆破施工、深基坑开挖等四级风险作业和钢筋笼吊装等三级风险作业，切实履行主要管理人员到岗到位。

（4）根据工程实际情况，通过开展例行检查、专项检查、随机检查、安全巡查和隐患排查等活动对现场安全技术措施落实、施工单位同进同出、人员到岗到位、安全文明施工情况、安全强条执行等方面工作进行监督检查，并对四级及以上风险作业现场到岗到位及输变电工程安全施工作业票（B 票）进行签字确认。

（5）通过基建管理信息系统，按时上报预判和正在监控的重大风险作业动态信息。

（6）出现五级风险作业工序时，组织专家论证施工单位编制的专项施工方案（含安全技术措施），通过采取技术措施等方式将风险等级降至四级及以下时方可作业。

6.1.2 安全文明施工

落实上级有关基础分部工程安全文明施工标准及要求，负责工程项目安全文明施工的组织、策划和监督实施工作，确保现场安全文明施工。

（1）核查基础施工现场安全文明施工开工条件，对施工、监理单位相关人员的安全资格进行审查。

（2）审批施工单位编制的安全文明施工标准化设施报审计划和安全文明施工费使用计划，组织对进场的安全文明施工标准化设施进行验收。

（3）督促施工单位根据工程现场具体实情和安全文明施工"六化"布置要求，开展基础施工单基策划，明确现场各区域划分、进场道路、余土堆放、迹地恢复等事项。

（4）工程建设过程中，通过专项整治、隐患曝光、奖励处罚等手段，检查施工、监理单位现场安全文明施工管理情况，填写安全文明施工奖励记录和安全文明施工处罚记录。

（5）按照要求在基建管理信息系统中填报和审批项目安全文明施工管理相关内容。

（6）检查环保、水保措施落实情况，并按照档案管理要求，组织施工、监理单位收集、归档基础施工过程中的安全及环境等方面相关资料和数码照片。

6.1.3 安全应急管理

（1）牵头成立工程应急领导小组和现场应急处置组织机构，编制应急预案，督促施工、监理单位在各基础施工现场设置应急救援路线、公布应急相关人员和单位联系方式。

（2）基础工程开工前，编制基础分部工程应急演练方案，组织开展触电、火灾、窒息、溺水、坠落等有针对性的应急救援知识培训和应急演练，形成应急演练记录，并对应急演练情况进行总结和评估。

（3）日常工作中，对经费保障、医疗保障、交通运输保障、物资保障、治安保障和后勤保障等措施的落实情况进行检查。

（4）出现紧急情况后，立即启动现场应急预案，组织救援工作，同时上报建设管理单位应急管理机构。

（5）按照要求在基建管理信息系统中填报和审批项目安全应急管理相关内容。

6.2 质量管控

基础分部工程质量管控包括原材料质量管理、强制性条文执行、标准工艺应用、质量通病防治、成品保护等方面的工作。

6.2.1 原材料质量管理

参与地脚螺栓、插入式角钢等甲供材料开箱检查，督促监理单位切实落实砂、石、水泥、钢筋等原材料见证取样、送检工作；组织对现场砂、石、水泥、钢筋质量进行抽查，如基础采用商混泵送浇筑则组织人员定期进入商混厂家进行质量抽查。

6.2.2 强制性条文执行

（1）督促设计、施工单位编制《输变电工程设计强制性条文执行计划》和《输变电工程施工强制性条文执行计划》。

（2）督促监理单位每月对设计和施工单位的强条执行情况进行检查。

（3）定期对施工现场的原材料选用、试块制作、钢筋连接、混凝土浇筑等作业内容强条执行情况进行核查，发现问题督促整改。

6.2.3 标准工艺应用

明确工程标准工艺应用目标和要求，组织施工单位编制基础分部工程标准工艺应用计划，在各基础施工现场设置标准工艺应用展示牌，同时每月组织对基础施工现场标准工艺应用情况进行专项检查，推动基础标准工艺在现场得到100%的应用。

6.2.4 质量通病防治

（1）签发质量通病防治任务书。

（2）督促各参建单位制定质量通病防治措施。

（3）督促检查质量通病防治措施在施工现场的落实情况。

6.2.5 成品保护

督促施工单位切实加强基础成品保护，主要措施如下：

（1）基础拆模（桩基除外）后，及时进行基础回填（如有防腐设计要求，则先完成防腐施工）。

（2）对地脚螺栓涂刷防腐黄油，加盖保护套；采用角钢和钢盖板等措施对基础立柱棱角和顶面进行保护。

（3）地脚螺栓保护套和基础顶面钢盖板有醒目的成品保护标识。

6.3 进度管控

基础分部工程进度管控主要涉及进度计划编制、进度过程控制、进度计划调整等三个方面的工作。

6.3.1 进度计划编制

（1）督促各参建单位根据工程一级网络进度计划编制二级网络进度计划（重点关注基础分部工程），经监理项目部审核，由业主项目部审定后执行。

（2）国家电网公司物资部及国家电网公司物资公司落实特高压直流线路工程物资供应计划，业主项目部以一级网络计划为基础协调落实基础分部工程的施工图交付计划。

（3）里程碑进度计划指导一级网络进度计划，一级网络进度计划指导二级网络进度计划，下级网络计划必须确保上级网络计划的有效实施。

6.3.2 进度过程控制

充分发挥业主项目部中间协调作用，切实做好图纸供应、物资供货、监理和施工投入、作业用地等各方面的协调与对接工作，切实确保施工进度受控。

（1）督促设计单位根据一级网络进度计划及时完成施工图的交付工作。

（2）督促物资单位根据一级网络进度计划及时完成甲供材料（地脚螺栓、插入式角钢）的供应工作。

（3）督促施工单位综合考虑工程内外部环境、气候以及可能导致施工受阻等因素，合理调配和投入施工资源，科学组织施工。

（4）督促监理单位派驻履职资格和能力胜任的监理人员进驻现场开展监理工作，并收集上报基础施工进度相关信息。

（5）每周对施工进度执行情况进行盘点，如实际进度滞后于计划进度，及时发布进度预警，并督促相关单位采取措施，及时修正进度。

（6）密切关注各参建单位的资源投入，确保施工力量满足现场需求。

6.3.3 进度计划调整

（1）当工程实际进度滞后并采取有效措施纠偏但仍无法满足基础进度里程碑计划时，业主项目部应及时向建设管理单位提出调整计划，经建设管理单位审查批准后执行。

（2）根据工程总体部署和安排，建设管理单位对一级网络进度计划进行调整，业主项目部组织二级网络计划的调整，并按照程序完成审批。

6.4 合同与技经管控

基础分部工程合同与技经管控主要涉及工程量审核、进度款管理、设计变更与签证、基础分部工程的预结算管理等四个方面的工作。

6.4.1 工程量审核

（1）组织设计、施工和监理单位依据基础施工设计图纸、工程设计变更及经各方确认的工程联系单等资料核对工程量，并编制完成施工工程量文件。

（2）组织基础施工工程量管理和资料归档工作。

6.4.2　进度款管理

（1）审核及确认基础施工预付款、进度款、设计费、监理费以及其他费用支付申请，并向建设管理单位提出支付意见。

（2）在基建管理信息系统中向建设管理单位提交复核后的基础施工预付款、进度款支付申请。

（3）填写进度款审核管控记录表。

6.4.3　设计变更与签证

（1）审核基础施工设计变更（签证），依据《国家电网公司输变电工程设计变更与现场签证管理办法》，按审批权限分级审批。

（2）完成基础施工设计变更（签证）相关审批后，在基建管理信息系统中录入变更（签证）结果及其他相关内容。

（3）监督、检查监理单位及时审核有关造价部分的基础施工变更（签证）资料。

（4）填写设计变更（签证）管控记录表上造价管理的内容。

6.4.4　预结算管理

（1）基础分部工程结束1个月以内，组织设计、施工和监理单位开展基础工程预结算，并形成预结算报告。

（2）配合开展基础分部工程预结算督察、检查管理工作。

7　基础验收

基础施工完成率达到70%时，组织开展基础验收。基础验收包括三级自检、监理初检、中间验收、质量监督检查等四个方面的工作。

7.1　三级自检

督促施工单位编制三级自检办法，并按照施工班组自检100%、施工项目部复检100%、施工单位公司级专检30%的抽查比例有序开展并完成基础施工三级自检及消缺，同时形成三级自检验收报告并上报监理单位。

7.2　监理初检

督促监理单位编制监理初检办法，并在三级自检完成的基础上，按照直线塔基础抽检不少于30%，耐张塔基础、重要跨越塔基础抽检比例100%，且应覆盖所有的基础型式开展监理初检工作，消缺完成后出具监理初检报告，督促施工单位对相关初检发现问题及时整改闭环。

7.3　中间验收

业主项目部编制中间验收办法，组织设计、施工、监理、运行、物资等单位开展中间验收，并出具中间验收报告，填写中间验收管控记录表，督促施工单位对中间验收发现问题及时整改闭环。

7.4 质量监督检查

在中间验收完成并具备质量监督检查的基础上，向质量监督总站提交检查申请，并配合质量监督总站开展质量监督检查活动。责成相关单位及时整改闭环发现的问题。

8 管控记录

基础分部工程作业过程中应形成如表 8-1 所示的记录表，表格样式见附录 A。

表 8-1　　　　　　　　　　基础分部工程标准化作业管控记录表

序号	记 录 名 称	份数	保存单位
1	物资供应管控记录表	1	建设管理单位
2	设计交底管控记录表	1	建设管理单位
3	施工图会检管控记录表	1	建设管理单位
4	特殊施工技术方案审查管控记录表	1	建设管理单位
5	标准化开工审查管控记录表	1	建设管理单位
6	工程开工报审管控记录表	1	建设管理单位
7	输变电工程安全施工作业票（B 票）	1	建设管理单位
8	安全文明施工奖励记录	1	建设管理单位
9	安全文明施工处罚记录	1	建设管理单位
10	进度款审核管控记录表	1	建设管理单位
11	设计变更审批单	1	建设管理单位
12	现场签证审批单	1	建设管理单位
13	重大设计变更审批单	1	建设管理单位
14	重大签证审批单	1	建设管理单位
15	设计变更（签证）管控记录表	1	建设管理单位
16	中间验收管控记录表	1	建设管理单位

9 考核

9.1 作业过程指标

9.1.1 安全目标

不发生六级及以上人身事件；不发生因工程建设引起的六级及以上电网及设备事件；不发生六级及以上施工机械设备事件；不发生火灾事故；不发生环境污染事件；不发生负主要责任的一般交通事故；不发生基建信息安全事件；不发生对公司造成影响的安全稳定事件。

9.1.2 质量目标

输变电工程"标准工艺"应用率 100%；工程"零缺陷"投运；实现工程达标投产及国家电网公司优质工程目标；创中国电力优质工程，创国家级优质工程金奖；工程使用寿命满足公司质量要求；不发生因工程建设原因造成的六级及以上工程质量事件。

9.1.3 进度目标

确保基础分部工程开、竣工时间和里程碑进度计划按时完成。落实基础分部工程计划开工时间，完成时间节点。

9.2 作业结果指标

根据国家电网公司对有关业主、设计、监理、施工、物资等相关单位的评价办法进行考核。

9.2.1 业主项目部评价

对业主项目部的综合评价主要包括业主项目部标准化建设、重点工作开展情况、工作成效三个方面，具体评价内容及评价标准参见业主项目部综合评价表。

9.2.2 设计单位评价

按照《国家电网公司输变电工程设计质量管理办法》相关规定，业主项目部配合建设管理单位完成对设计单位的施工图设计、设计变更、现场服务和竣工图设计四个部分的质量评价，具体评价指标及评价标准依据《国家电网公司输变电工程设计质量管理办法》。

9.2.3 监理项目部评价

业主项目部对监理项目部的综合评价主要包括项目部组建及资源配置、项目管理、安全管理、质量管理、造价管理与技术管理六个方面，具体评价内容及评价标准参见监理项目部综合评价表。

9.2.4 施工项目部评价

业主项目部对施工项目部的综合评价主要包括项目部组建及管理人员履职、项目管理、安全管理、质量管理、造价管理与技术管理六个方面，具体评价内容及评价标准参见施工项目部综合评价表。

9.2.5 物资管理部门考核

在项目实施过程中，业主项目部配合建设管理单位物资管理部门对物资供应商在产品设计、生产制造、发货运输、交货验收、安装调试、售后服务等方面的履约行为进行全过程评价。

附录 A 管控记录样表

A.1 物资供应管控记录表

物资供应管控记录表

工程名称：

工作依据	建设管理纲要、经批准的物资供应计划、物资供应合同
物资供应存在问题及采取的措施	技术管理专责：_____；日期：_____ 物资协调联系人：_____；日期：_____
物资供应存在问题及采取的措施	技术管理专责：_____；日期：_____ 物资协调联系人：_____；日期：_____
物资供应存在问题及采取的措施	技术管理专责：_____；日期：_____ 物资协调联系人：_____；日期：_____
物资供应情况评价	技术管理专责：_____；日期：_____ 建设协调专责：_____；日期：_____ 业主项目经理：_____；日期：_____

注 本表由技术管理专责、物资协调联系人对物资供应质量及时间等存在问题进行填写，技术管理专责、建设协调专责、业主项目经理在物资供应情况结束后对物资供应情况进行总体评价。

A.2　设计交底管控记录表

设计交底管控记录表

工程名称：　　　　　　　　　　　　　　　　　　　　　　　　　　编号：

会议名称	＿＿＿＿＿＿＿＿＿＿＿＿＿＿＿＿＿设计交底会			
会议日期及地点	会议日期：＿＿＿＿＿＿＿＿＿会议地点：＿＿＿＿＿＿＿＿			
参会单位				
交底主要内容				
会议纪要情况	起草：＿＿＿＿＿＿＿＿＿日期：＿＿＿＿＿＿＿＿ 本纪要于＿＿＿＿＿＿年＿＿月＿＿日经＿＿＿＿＿＿＿＿＿签发			
纪要发放记录	接收部门（单位）	接收人	发放人	日期
	⋮			

注　本表由技术管理专责在设计交底会后根据会议情况，在完成会议纪要编写、签发、发放等工作时即时填写。每次会议单独填写本表，编号顺延（设计交底纪要由设计院编发，本表仅作为记录管控用）。

A.3 施工图会检管控记录表

施工图会检管控记录表

工程名称： 　　　　　　　　　　　　　　　　　　　编号：

会议名称	施工图会检会			
会议日期及地点	会议日期：　　　　　　　会议地点：			
参会单位				
会议确定主要事项				
会议纪要情况	起草：　　　　　　　　日期：　　　　　　 本纪要于　　　　年　　月　　日经　　　　　　　　签发			
纪要发放记录	接收部门（单位）	接收人	发放人	日期
	⋮			
会议事项落实情况	技术管理专责：　　　　　　；日期：　　　　　　 质量管理专责：　　　　　　；日期：　　　　　　 业主项目经理：　　　　　　；日期：			

注 本表由技术管理专责在施工图会检后根据会议情况，在完成会议纪要编写、签发、发放等工作时即时填写，技术管理专责、质量管理专责、业主项目经理共同对会议落实事项进行监督落实，按规定期限完成。每次会议单独填写本表，编号顺延。

A.4　特殊施工技术方案审查管控记录表

特殊施工技术方案审查管控记录表

工程名称：　　　　　　　　　　　　　　　　　　　　　　　　　　　　编号：

文件名称	
接收时间	于___年___月___日接到_____施工项目部的报审文件。 接收人：_____
审核依据	《国家电网公司基建安全管理规定》《电力建设工程施工技术导则》《电气装置安装工程质量检验及评定规程（电气工程）》《±800kV 架空送电线路工程施工质量验收及评定规程》《±800kV 架空送电线路工程施工质量检验及评定规程》，其他经批准的设计文件、相关施工及验收规范、标准工艺等
审核要点	文件的内容是否完整，制定的施工工艺流程是否合理，施工方法是否得当，是否先进，是否有利于保证工程质量、安全、进度；安全危险点分析或危险源辨识、环境因素识别是否准确、全面，应对措施是否有效；质量保证措施是否有效，针对性是否强，是否落实了工程创优措施
审核意见及过程监督	技术管理专责：_____；日期：_____ 安全管理专责：_____；日期：_____ 业主项目经理：_____；日期：_____

注　本表由相关管理专责、业主项目经理根据工作开展情况即时填写。每个方案单独填写本表，编号顺延。

A.5 标准化开工审查管控记录表

标准化开工审查管控记录表

工程名称：　　　　　　　　　　　　　　　　　　　　　　　　　　　　　　　　　编号：

工作要求	核查开工前的有关手续，落实标准化开工条件				
核查情况	支持性文件名称	是否齐全	取得/完成日期	确认人	日期
	工程项目核准及可研批复文件				
	初步设计及批复文件				
	建设用地规划许可证				
	建设用地批复				
	土地使用证				
	建设工程规划许可证				
	施工许可证				
	输变电工程质量监督申报书				
	设计、施工、监理中标通知书（复印件）				
	设计、施工、监理合同文本				
	⋮				
审核意见	建设协调专责：　　　　　；日期：　　　　　　 业主项目经理：　　　　　；日期：				

注 本表由建设协调专责、业主项目经理在开展文件核查、出具审核意见时分别填写。若支持性文件不全即开工的，需在"审核意见"栏填写后续监督补办的相关措施。

A.6　工程开工报审管控记录表

工程开工报审管控记录表

工程名称：　　　　　　　　　　　　　　　　　　　　　　　　　　　　　编号：

文件名称	＿＿＿＿＿＿＿＿＿＿＿＿＿＿＿＿＿＿＿＿开工报审表
接收日期	于＿＿年＿＿月＿＿日接到＿＿＿＿＿＿＿＿＿＿＿＿施工项目部的报审文件。 接收人：＿＿＿＿＿＿＿＿
审核依据	《建设工程项目管理规范》《国家电网公司基建管理通则》《国家电网公司基建项目管理规定》《国家电网公司输变电工程进度计划管理办法》《国家电网公司业主项目部标准化管理手册》《国家电网公司监理项目部标准化管理手册》《国家电网公司施工项目部标准化管理手册》，本工程建设管理纲要、设计合同、施工合同、监理合同，其他相关规程规范及经批准的设计文件等
审核意见	 建设协调专责：＿＿＿＿＿＿＿；日期：＿＿＿＿＿＿＿
批准	业主项目经理：＿＿＿＿＿＿＿；日期：＿＿＿＿＿＿＿

注　本表由建设协调专责、业主项目经理在收到文件、出具审核意见及批准时分别填写，在接到报审文件两周内完成。

A.7 输变电工程安全施工作业票（B 票）

编号：

工程名称			
施工班组（队）		作业地点	
作业内容及部位		开工时间	
施工人数		风险等级	

主要风险：

工作分工：

作业前检查		
	是	否
施工人员着装是否规范、精神状态是否良好	□	□
施工安全防护用品（包括个人）、用具是否齐全和完好	□	□
现场所使用的工器具是否完好且符合技术安全措施要求	□	□
是否按平面布置图要求进行施工作业现场布置	□	□
是否编制技术安全措施	□	□
施工人员是否参加过本工程技术安全措施交底	□	□
施工人员对工作分工是否清楚	□	□
各工作岗位人员对存在的风险点、风险源是否明白	□	□
预控措施是否明白	□	□

参加作业人员签名：

备注：

工作负责人		审核人（安全、技术）	
安全监护人		签发人（施工项目部经理）	
签发日期			
监理人员（三级及以上风险）		业主项目部经理（四级及以上风险）	

A.8 安全文明施工奖励记录

序号	日期	奖励事由	金额	受奖励单位	受奖励单位项目负责人签字	业主项目经理签字

注 本表由业主项目部安全负责填写。

A.9 安全文明施工处罚记录

序号	日期	处罚事由	金额	受处罚单位	受处罚单位项目负责人签字	业主项目经理签字

注 本表由业主项目部安全负责填写。

A.10 进度款审核管控记录表

进度款审核管控记录表

工程名称：   编号：

进度款审核记录	接到进度款支付申请单日期	提出单位	工程量完成情况	进度款额度（元）	监理审核人
	工程量完成与合同条款审核情况： 造价管理专责：_____；日期：_____ 业主项目经理：_____；日期：_____				
进度款审核记录	接到进度款支付申请单日期	提出单位	工程量完成情况	进度款额度（元）	监理审核人
	工程量完成与合同条款审核情况： 造价管理专责：_____；日期：_____ 业主项目经理：_____；日期：_____				
进度款审核记录	接到进度款支付申请单日期	提出单位	工程量完成情况	进度款额度（元）	监理审核人
	工程量完成与合同条款审核情况： 造价管理专责：_____；日期：_____ 业主项目经理：_____；日期：_____				

注 本表由造价管理、业主项目经理在进度款审核完成一周内填写完成。

A.11 设计变更审批单

设 计 变 更 审 批 单

工程名称：   编号：

致＿＿＿＿＿＿＿＿（监理项目部）：
变更事由：
变更费用：
附件：1. 设计变更建议或方案。
      2. 设计变更费用计算书。
      3. 设计变更联系单（如有）。
 	
设   总：＿＿＿＿（签 字）
设计单位：＿＿＿＿（盖 章）
日 期：＿＿年＿＿月＿＿日	

监理单位意见 总监理工程师：（签字并盖项目部章） 日期：＿＿年＿＿月＿＿日	施工单位意见 项目经理：（签字并盖项目部章） 日期：＿＿年＿＿月＿＿日
业主项目部审核意见 专业审核意见： 项目经理：（签字） 日期：＿＿年＿＿月＿＿日	建设管理部门审批意见 建设（技术）审核意见： 技经审核意见： 部门分管领导：（签字并盖部门章） 日期：＿＿年＿＿月＿＿日

注 1. 编号由监理项目部统一编制，作为审批设计变更的唯一通用表单。

    2. 一般设计变更执行设计变更审批单，重大设计变更执行重大设计变更审批单。

    3. 本表一式五份（施工、设计、监理、业主项目部各一份，建设管理单位存档一份）。

A.12 现场签证审批单

现 场 签 证 审 批 单

工程名称：   编号：

致＿＿＿＿＿＿＿（监理项目部）：
签证事由：
签证费用：
附件：1. 现场签证方案。
        2. 签证费用计算书。
        ……
 	
                                      项目经理：＿＿＿＿（签 字）
                                      设计单位：＿＿＿＿（盖 章）
                                      日　期：＿＿年＿月＿日	

监理单位意见 总监理工程师：（签字并盖项目部章） 日期：＿＿年＿＿月＿＿日	设计单位意见 设总：（签字并盖公章） 日期：＿＿年＿＿月＿＿日
业主项目部审核意见 专业审核意见： 项目经理：（签字） 日期：＿＿年＿＿月＿＿日	建设管理部门审批意见 建设（技术）审核意见： 技经审核意见： 部门分管领导：（签字并盖部门章） 日期：＿＿年＿＿月＿＿日

    注 1. 编号由监理项目部统一编制，作为审批现场签证的唯一通用表单。

          2. 一般签证执行现场签证审批单，重大签证执行重大签证审批单。

          3. 本表一式五份（施工、设计、监理、业主项目部各一份，建设管理单位存档一份）。

A.13 重大设计变更审批单

重大设计变更审批单

工程名称： 　　　　　　　　　　　　　　　　　　　　　　　编号：

致　　　　　　　　（监理项目部）：		
变更事由：		
变更费用：		
附件：1. 设计变更建议或方案。		
2. 设计变更费用计算书。		
3. 设计变更联系单（如有）。		
……		
		设　总：　　　（签　字）
		设计单位：　　（盖　章）
		日　期：　　年　月　日
监理单位意见	施工单位意见	业主项目部审核意见
		专业审核意见：
总监理工程师：（签字并盖项目部章）	项目经理：（签字并盖项目部章）	项目经理：（签字）
日期：___年___月___日	日期：___年___月___日	日期：___年___月___日
建设管理单位审批意见		项目法人单位基建部审批意见
建设（技术）审核意见：		建设（技术）审核意见：
技经审核意见：		技经审核意见：
部门主管领导：（签字）		部门分管领导：（签字并盖部门章）
单位分管领导：（签字并盖部门章）		日期：___年___月___日
日期：___年___月___日		

注 1. 编号由监理项目部统一编制，作为审批重大设计变更的唯一通用表单。
　　2. 本表一式五份（施工、设计、监理、业主项目部各一份，建设管理单位存档一份）。

A.14 重大签证审批单

重 大 签 证 审 批 单

工程名称：   编号：

致＿＿＿＿＿＿＿（监理项目部）：
签证事由：
签证费用：
附件：1. 现场签证方案。
      2. 签证费用计算书。
      ……
 	
项目经理：＿＿＿＿（签　字）
施工单位：＿＿＿＿（盖　章）
日　　期：＿＿＿年＿＿月＿＿日

监理单位意见 总监理工程师:(签字并盖项目部章) 日期：＿＿年＿＿月＿＿日	设计单位意见： 设总：(签字并盖公章) 日期：＿＿年＿＿月＿＿日	业主项目部审核意见 专业审核意见： 项目经理：(签字) 日期：＿＿年＿＿月＿＿日
建设管理单位审批意见 建设（技术）审核意见： 技经审核意见： 部门主管领导（签字） 单位分管领导：(签字并盖部门章) 日期：＿＿年＿＿月＿＿日		项目法人单位基建部审批意见 建设（技术）审核意见： 技经审核意见： 部门分管领导：(签字并盖部门章) 日期：＿＿年＿＿月＿＿日

注　1. 编号由监理项目部统一编制，作为审批重大签证的唯一通用表单。

    2. 本表一式五份（施工、设计、监理、业主项目部各一份，建设管理单位存档一份）。

A.15　设计变更（签证）管控记录表

设计变更（签证）管控记录表

工程名称：　　　　　　　　　　　　　　　　　　　　　　　　　编号：

	接到变更（签证）单日期	提出单位	变更（签证）原因说明	涉及费用(元)	监理审核人	设计审核人
设计变更（签证）记录						
	变更（签证）技术内容确认情况： 技术管理专责：_____；日期：_____ 造价管理专责：_____；日期：_____ 业主项目经理：_____；日期：_____					
	接到变更（签证）单日期	提出单位	变更（签证）原因说明	涉及费用(元)	监理审核人	设计审核人
设计变更（签证）记录						
	变更（签证）技术内容确认情况： 技术管理专责：_____；日期：_____ 造价管理专责：_____；日期：_____ 业主项目经理：_____；日期：_____					
	接到变更（签证）单日期	提出单位	变更（签证）原因说明	涉及费用(元)	监理审核人	设计审核人
设计变更（签证）记录						
	变更（签证）技术内容确认情况： 技术管理专责：_____；日期：_____ 造价管理专责：_____；日期：_____ 业主项目经理：_____；日期：_____					

注　本表由技术管理专责、造价管理专责、业主项目经理在变更（签证）发生后一周内完成填写。

A.16 中间验收管控记录表

中间验收管控记录表

工程名称： 　　　　　　　　　　　　　　　　　　　　　　　　　　　　编号：

工作内容	＿＿＿＿＿＿＿＿＿＿＿＿＿＿＿＿＿＿＿＿＿阶段中间验收
工作依据	《±800kV 架空送电线路工程施工质量验收及评定规程》《±800kV 架空送电线路施工质量检验及评定规程》《电气装置安装工程质量检验及评定规程（电气工程）》《国家电网公司基建质量管理规定》《国家电网公司输变电工程验收管理办法》，经批准的设计文件、施工验收规范及质量评定规程等
参加单位	
接收验收申请	＿＿＿年＿＿＿月＿＿＿日，接到＿＿＿＿＿＿＿＿＿＿＿＿＿监理项目部中间验收申请。 质量管理专责：＿＿＿＿＿＿＿＿＿＿＿
审核意见	 质量管理专责：＿＿＿＿＿＿＿；日期：＿＿＿＿＿＿ 技术管理专责：＿＿＿＿＿＿＿；日期：＿＿＿＿＿＿ 业主项目经理：＿＿＿＿＿＿＿；日期：＿＿＿＿＿＿
提交中间验收申请	＿＿＿年＿＿＿月＿＿＿日，提交＿＿＿监理项目部监理初检报告和中间验收申请至＿＿（建设管理单位）＿＿。 提交人：＿＿＿＿＿＿＿；接收人：＿＿＿＿＿＿＿
参与（或受托组织）中间验收	（参与验收时填写） ＿＿＿年＿＿＿月＿＿＿日～＿＿＿年＿＿＿月＿＿＿日，参与中间验收工作。 参与人：＿＿＿＿＿＿＿＿＿＿＿ （受托组织时填写） ＿＿＿年＿＿＿月＿＿＿日～＿＿＿年＿＿＿月＿＿＿日，组织中间验收工作。 组织人：＿＿＿＿＿＿＿；业主项目经理：＿＿＿＿＿＿＿
缺陷整改情况	 质量管理专责：＿＿＿＿＿＿＿；日期：＿＿＿＿＿＿ 建设协调专责：＿＿＿＿＿＿＿；日期：＿＿＿＿＿＿ 技术管理专责：＿＿＿＿＿＿＿；日期：＿＿＿＿＿＿ 业主项目经理：＿＿＿＿＿＿＿；日期：＿＿＿＿＿＿

注　本表由相关管理专责及业主项目经理根据工作开展情况即时填写。各阶段中间验收时单独填写本表，编号顺延。

三

铁塔组立标准化作业指导书

目　次

封面样式

×××±×××kV 特高压直流线路工程

××段铁塔组立标准化作业指导书

编制单位：

编制时间：　　年　　月　　日

审批页样式

审　批　页

批　　准：(建管单位分管领导)　　　　　年　月　日

审　　核：(线路部)　　　　　　　　　年　月　日

　　　　　(安质部)　　　　　　　　　年　月　日

编　　写：(业主项目经理)　　　　　　年　月　日

　　　　　(项目职能人员)　　　　　　年　月　日

1　概述

1.1　相关说明

1.1.1　术语和定义

（1）铁塔组立：将整基铁塔分解成段、片或各个单肢，然后利用起重机、抱杆等设备或工具按分段、分片或单肢的方式组立铁塔成一个整体。

（2）巡视：对正在施工的部位或工序在现场进行定期或不定期的监督检查活动。

1.1.2　适用范围

本作业指导书适用于××±××kV 特高压直流输电线路工程铁塔分部工程建设管理标准化作业，其他特高压直流输电线路工程可参照执行。

1.1.3　工作依据

业主项目部铁塔组立标准化作业的工作依据为现行的国标、行标、企标有效版本和工程设计相关文件，主要为：

（1）GB 20118—2006《一般用途钢丝绳》。

（2）GB/T 5972—2016《起重机钢丝绳保养、维护、安装、检验和报废》。

（3）DL 5009.2—2013《电力建设安全工作规程　第 2 部分：电力线路》。

（4）DL/T 5235—2010《±800kV 及以下直流架空输电线路工程施工及验收规程》。

（5）DL/T 5236—2010《±800kV 及以下直线流架空输电路工程施工质量检验及评定规程》。

（6）DL/T 5287—2013《±800kV 架空输电线路铁塔组立施工工艺导则》。

（7）Q/GDW 1225—2015《±800kV 架空送电线路施工及验收规范》。

（8）Q/GDW 1226—2015《±800kV 架空送电线路施工质量检验及评定规程》。

（9）Q/GDW 248—2008《输变电工程建设标准强制性条文实施管理规程》。

（10）Q/GDW 250—2009《输变电工程安全文明施工标准》。

（11）国家电网工〔2003〕153 号《电力建设工程施工技术管理导则》。

（12）国网（基建/2）173—2015《国家电网公司基建安全管理规定》。

（13）国网（基建/3）186—2015《国家电网公司输变电工程标准工艺管理办法》。

（14）国家电网企管〔2015〕221 号《国家电网公司基建管理 27 项通用制度》。

（15）基建安质〔2016〕56 号　国网公司关于印发《输变电工程安全质量过程控制数码照片管理工作要求》的通知。

（16）基建质量〔2010〕19 号《关于印发〈国家电网公司输变电工程质量通病防治工作要求及技术措施〉的通知》。

（17）《国家电网公司输变电工程工艺标准库（2012 版）》。

1.2　工程特点

1.2.1　工程简介

列清标段线路长度、途经区域、塔基数量（耐张塔、直线塔）、铁塔型式、塔材重量、主要地形地貌、地质及自然气候条件、交通条件等。

1.2.2　工艺要求

列清工程设计和施工工艺方面的特殊要求：如铁塔分解组立、高强度螺栓的应用、防盗螺栓的安装高度、螺栓穿向、脚钉安装、成品保护、保护帽制作等。

2　作业流程

包含作业准备、塔材运输、塔材清点、工器具运输、工器具布设、地面组装、塔材吊装、补装辅材、场地清理、退场等作业环节。具体流程见图 2-1。

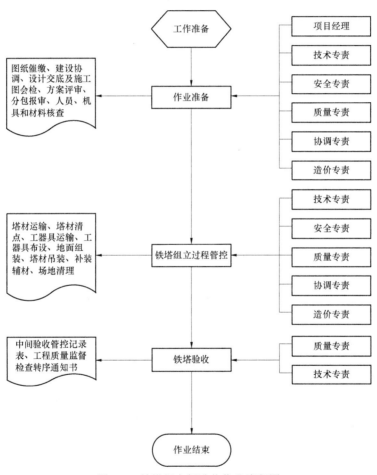

图 2-1　铁塔组立标准化作业流程图

3　职责划分

业主项目部各主要管理人员在铁塔组立作业阶段的主要职责，见表 3-1。

表 3-1　　　　　　　　　　　　　业主项目部人员职责划分表

序号	人员类别	职　责	备注
1	项目经理	负责对工程设计、施工、监理等单位进行合同履约管理；督促监理、设计、施工等单位围绕人、机、法、环、料五个方面落实铁塔组立标准化开工条件，参与铁塔工程设计交底暨铁塔施工图会检和特殊铁塔施工方案专家评审，签署铁塔工程标准化开工各项报审文件，组织开展铁塔首基试点方案审查，参与首基试点施工和试点总结，组织对铁塔施工安全、质量、技术、造价管理工作落实情况进行月度检查、分析和纠偏，适时组织召开专题协调会解决铁塔工程施工中存在的问题；参加上级组织的安全、质量检查，组织参建单位做好迎检工作，参加工程安全事故（件）和质量事故（件）的调查；及时完成现场设计变更、现场签证审核，月度进度款拨付和安措费使用计划审批；确保铁塔工程安全、规范、有序推进	
2	技术专责	组织设计交底暨铁塔施工图会检和特殊铁塔施工方案专家评审，负责铁塔分部工程标准化开工技术类文件审核，参与铁塔方案审查、铁塔试点施工和试点总结，参与工程现场月度巡查，督促施工和监理单位在铁塔施工过程中严格执行"三通一标"等标准化建设要求，协调解决铁塔施工过程中出现的技术争议，负责铁塔分部工程相关科研课题、工法、QC 技术攻关的组织、推进、结题，及时反馈报送有关信息，确保施工技术的准确输入	
3	安全专责	负责铁塔分包计划、分包商资质等铁塔工程标准化开工安全类文件审核，参与设计交底暨铁塔施工图会检和特殊铁塔施工方案专家评审，参与铁塔试点方案审查、铁塔试点施工和试点总结；组织开展工程现场日常安全巡查，参与工程现场月度检查，督促检查基建安全管理在工程过程中的落实情况，重点关注现场安全文明施工、安全技术方案落实、人员教育培训、施工技术交底、班前会、人员到岗到位、同进同出、持证上岗、作业票使用、施工机具及安全防护用品用具配置及使用、施工用电安全、安措费使用等事项；负责设计、施工、监理项目部铁塔工程施工安全管理工作考核、评价及项目建设安全信息上报、传递和发布；配合安全事故（件）的调查和处理	
4	质量专责	参与设计交底暨铁塔施工图会检和特殊铁塔施工方案专家评审，负责铁塔工程标准化开工质量创优类文件审核，参与铁塔方案审查、铁塔试点施工和试点总结，组织开展铁塔工程质量例行检查、随机抽查活动，督促质量强制性条文、防质量通病和质量创优措施得到有效落实，确保标准工艺得到全面应用；编制铁塔工程中间验收办法，督促施工和监理有效开展三级自检和初检，科学组织铁塔工程中间验收，起草中间验收报告；联系协调质量监督总站并统筹安排做好架线施工前质量监督检查迎检、整改闭环工作；负责设计、施工、监理项目部质量管理工作的考核、评价；参与工程质量事件的调查处理工作	
5	协调专责	配合业主项目经理组织开展铁塔施工外部协调及政策处理工作；督促设计、施工、监理等单位严格执行铁塔施工进度计划，并每月检查进度计划执行情况，分析进度偏差原因，提出纠偏措施；负责工程月度例会和专题协调会的组织工作，编制会议纪要，审核工程建设月报，印发工程相关单位并跟踪落实；应用基建管理信息系统开展信息管理工作，牵头组织铁塔工程相关信息、数据、数码照片的录入和上传工作；负责业主项目部来往文件的收发、整理、归档工作；根据档案标准化管理要求督促施工、监理等单位及时完成铁塔施工记录、数码照片、文件资料的收集、整理和组卷工作	
6	造价专责	参与设计交底暨铁塔施工图会检，负责铁塔工程进度款拨付、工程量审核，配合完成工程进度款申请、费用划拨等工作；负责铁塔设计变更和现场签证费用审核，并按规定权限报批；铁塔工程结束，及时组织设计、施工和监理单位开展天天工程预结算，并形成预结算报告	

4　程序与标准

铁塔组立阶段作业程序、标准、风险及预控措施见表4-1。

表 4-1　　　　　　　　　　　　作业程序与标准管控表

序号	作业程序	责任人	作业标准	作业风险	预控措施
01	作业准备	项目经理 技术专责 安全专责 质量专责 协调专责 造价专责	组织各参建单位高效有序完成铁塔组立各项准备工作，主要包括铁塔施工图纸催缴、铁塔施工建设协调、设计交底及铁塔施工图会检、铁塔施工方案专家评审、铁塔施工分包报审等标准化开工资料审查、施工和监理单位人员高空证报审、作业机具和材料准备工作情况核查，确保铁塔施工顺利开展	铁塔施工准备工作未完成或相关准备不符合要求就开展作业，导致作业无法正常开展、作业延期、工程安全和质量失控	不满足铁塔施工条件作业时，立即下发工程暂停令，并报备建设管理单位，同时督促设计、施工或监理单位整改
02	铁塔组立过程管控	技术专责 安全专责 质量专责 协调专责 造价专责	参与铁塔组立首基试点；开展例行检查、专项检查、随机检查、安全质量巡查等活动对现场安全质量技术措施落实、施工单位同进同出、人员到岗到位、安全文明施工情况、强条执行、安全质量通病防治措施、标准工艺应用等方面工作进行监督检查；利用影像资料等手段加强施工安全质量过程控制，对检查中发现的各类问题，下发检查问题整改通知单，要求责任单位整改并填写检查问题整改反馈单，对整改结果进行确认；对四级及以上风险作业到岗到位，确保现场安全施工、质量可控。 定期盘点施工进度，对施工进度进行纠偏，确保施工进度符合施工计划目标，并按照铁塔组立进度支付施工预付款、进度款、设计费、监理费以及其他费用。 组织开展铁塔组立工程量管理和资料归档工作，依据铁塔组立设计图纸、工程设计变更、现场签证及经各方确认的工程联系单等资料核对工程量，并编制完成施工工程量文件，并在铁塔工程结束后，组织相关单位开展铁塔工程预结算，并形成预结算报告	未开展铁塔组立过程管控或管控不到位，导致安全、质量问题、施工进度滞后及影响工程结算等后果	落实各级人员职责，按要求开展现场安全质量检查工作，督促现场依据铁塔组立方案有序规范开展作业。定期跟踪铁塔组立进度，出现进度滞后情况及时采取纠偏措施。督促各参建单位按时完成各项资料归档工作。对施工过程中发现的问题及时指出，督促整改
03	铁塔验收	技术专责 质量专责	铁塔组立完成率达到70%时，按照验收规范的要求组织开展铁塔组立中间验收，编制铁塔组立中间验收方案。督促完成施工单位三级自检和监理单位初检工作。组织建管单位铁塔组立中间验收，起草中间验收报告。协调并配合质量监督总站完成架线施工前质量监督检查	未按程序开展铁塔验收，导致铁塔质量不满足验收规范要求、档案资料不完整，影响工程转序	召开质量分析会、开展质量专项检查；督促监理单位做好铁塔组立旁站、质量检查、控制工作；组织开展标准工艺培训；利用影像资料等手段加强施工质量过程控制

5 作业准备

作业准备涵盖建设协调、设计交底及铁塔结构图会检、方案审查、标准化开工审查等四方面的工作。

5.1 建设协调

5.1.1 外部协调

铁塔工程开工前,做好铁塔组立政策处理工作,重大制约性问题上报建设管理单位及时处理,确保铁塔工程依法合规建设,力求铁塔工程按计划如期开工。

5.1.2 内部协调

(1)动态跟踪塔材、螺栓等甲供材料的生产进度和供货情况,及时协调解决物资供货中出现的问题。对于物资供货进度和质量问题按要求填写物资供应管控记录表。

(2)协调设计单位按计划将铁塔施工所涉及的铁塔结构图等设计资料蓝图提交现场,并派工代进驻现场做好设计配合与服务工作。

(3)协调施工和监理单位切实按项目管理实施规划和监理规划要求开展技术文件编制、人员教育培训、机具和物资准备等铁塔施工前期准备工作。

5.2 设计交底及铁塔结构图会检

5.2.1 设计交底

铁塔工程开工前,督促设计单位编制设计交底课件,并组织召开设计交底会,由设计向监理、施工、物资、运行等单位就设计思路、原则、工艺要求等进行逐一交底,同时签发设计交底会议纪要,填写设计交底管控记录表,确保设计意图在施工过程中得到有效落实。

5.2.2 铁塔结构图会检

铁塔工程开工前,及时督促监理、施工、物资、运行等单位开展铁塔结构图内审,各单位内审发现的问题或疑问由监理汇总并反馈设计,同时组织开展铁塔结构图会检,听取各单位施工图审查情况汇报,并就相关问题予以澄清和答疑,明确铁塔施工工艺标准和要求,签发铁塔结构图会检会议纪要,填写施工图会检管控记录表。

5.3 方案审查

5.3.1 内部审查

铁塔组立前,针对吊车立塔等特殊铁塔施工作业,督促施工单位组织各职能部门对方案进行内部审查,并形成施工单位方案内部审查记录。

5.3.2 专家评审

在施工单位内部审查基础上,组织开展特殊铁塔组立方案专家评审,并形成特殊施工技术方案审查管控记录表,确保铁塔组立方案的科学性、适宜性和可操作性。

5.4 标准化开工审查

5.4.1 资料审查

铁塔组立前,检查并跟踪铁塔工程开工手续办理情况,组织对施工单位和监理单位上报的开工报审表、铁塔分包计划、分包商资质、分包人员信息、特殊铁塔组立方案、铁塔组立进度、工器具报审等标准化开工资料进行审查，落实标准化开工条件，填写标准化开工审查管控记录表和工程开工报审管控记录表，确保工程标准化开工。

5.4.2 现场核查

组织对施工和监理单位进入现场的人员、机具、物资、车辆等资源投入情况进行核查，确保现场各类资源投入与施工组织设计、监理规划、铁塔组立作业指导书等管理和技术文件相匹配，且满足现场进度、安全、质量管控要求。

6 作业过程管控

铁塔工程作业过程管控主要涉及安全、质量、进度、合同与技经四个方面相关工作。

6.1 安全管控

铁塔工程安全管控主要包含安全风险管理、安全文明施工和安全应急管理三个方面。

6.1.1 安全风险管理

执行《国家电网公司输变电工程施工安全风险识别评估及预控措施管理办法》，组织参建项目部落实基础施工安全风险管理要求。

（1）工程开工前，组织项目设计单位对施工、监理项目进行铁塔施工作业风险交底，以及风险作业初勘工作。

（2）组织施工单位编制铁塔分部工程《三级及以上施工安全固有风险识别、评估和预控清册》，并审批通过计算列入三级及以上风险作业的动态结果。

（3）执行"输变电工程三级及以上施工安全风险管理人员到岗到位要求"，针对邻近带电体组塔等四级风险作业和塔材吊装、高处作业等三级风险作业，切实履行主要管理人员到岗到位。

（4）根据工程实际情况，通过开展例行检查、专项检查、随机检查、安全巡查和隐患排查等活动对现场安全技术措施落实、施工单位同进同出、人员到岗到位、安全文明施工情况、安全强条执行等方面工作进行监督检查，并对四级及以上风险作业现场到岗到位及输变电工程安全施工作业票（B 票）进行签字确认。

（5）通过基建管理信息系统，按时上报预判和正在监控的重大风险作业动态信息。

（6）出现五级风险作业工序时，组织专家论证施工单位编制的专项施工方案（含安全技术措施），通过采取技术措施等方式将风险等级降至四级及以下时方可作业。

6.1.2 安全文明施工

落实上级有关铁塔分部工程安全文明施工标准及要求，负责工程项目安全文明施工的组织、策划和监督实施工作，确保现场安全文明施工。

（1）核查铁塔施工现场安全文明施工开工条件，对施工、监理单位相关人员的安全资格进行审查。

（2）审批施工单位编制的安全文明施工标准化设施报审计划和安全文明施工费使用计划，组织对进场的安全文明施工标准化设施进行验收。

（3）督促施工单位根据工程现场具体实情和安全文明施工"六化"布置要求，开展铁塔施工单基策划，明确现场各区域划分、进场道路、塔材堆放、地面组装、迹地恢复等事项。

（4）工程建设过程中，通过专项整治、隐患曝光、奖励处罚等手段，检查施工、监理单位现场安全文明施工管理情况，填写安全文明施工奖励记录和安全文明施工处罚记录。

（5）按照要求在基建管理信息系统中填报和审批项目安全文明施工管理相关内容。

（6）检查环保、水保措施落实情况，并按照档案管理要求，组织施工、监理单位收集、归档铁塔施工过程中的安全及环境等方面相关资料和数码照片。

6.1.3　安全应急管理

（1）牵头成立工程应急领导小组和现场应急处置组织机构，编制应急预案，督促施工、监理单位在各铁塔施工现场设置应急救援路线、公布应急相关人员和单位联系方式。

（2）铁塔工程开工前，编制铁塔分部工程应急演练方案，组织开展高处坠落、机械伤害、物体打击等有针对性的应急救援知识培训和应急演练，形成应急演练记录，并对应急演练情况进行总结和评估。

（3）日常工作中，对经费保障、医疗保障、交通运输保障、物资保障、治安保障和后勤保障等措施的落实情况进行检查。

（4）出现紧急情况后，立即启动现场应急预案，组织救援工作，同时上报建设管理单位应急管理机构。

（5）按照要求在基建管理信息系统中填报和审批项目安全应急管理相关内容。

6.2　质量管控

铁塔分部工程质量管控包括原材料质量管理、强制性条文执行、标准工艺应用、质量通病防治、成品保护等五个方面的工作。

6.2.1　原材料质量管理

参与塔材、螺栓等甲供材料开箱检查。

6.2.2　强制性条文执行

（1）督促设计、施工单位编制《输变电工程设计强制性条文执行计划》和《输变电工程施工强制性条文执行计划》。

（2）督促监理单位每月对设计和施工单位的强条执行情况进行检查。

（3）对施工现场的螺栓安装、混凝土抗压强度等强条执行情况进行核查，发现问题督促整改。

6.2.3　标准工艺应用

明确工程标准工艺应用目标和要求，组织施工单位编制铁塔分部工程标准工艺应用计划，在各铁塔施工现场设置标准工艺应用展示牌，同时每月组织对铁塔施工现场标准工艺应用情况进行专项检查，推动铁塔标准工艺在现场得到100%的应用。

6.2.4　质量通病防治

（1）签发质量通病防治任务书。

（2）督促各参建单位制定质量通病防治措施。

（3）督促检查质量通病防治措施在施工现场的落实情况。

6.2.5 成品保护

督促施工单位切实加强铁塔成品保护，主要措施如下：

（1）塔材堆放时，采用方木、枕木等进行衬垫。

（2）塔材吊装时，使用专用吊具进行吊装，钢丝绳与塔材绑扎处，应衬垫软物（如胶皮包裹方木），避免塔材与钢丝绳直接接触造成损伤。

（3）吊装时采取必要的补强措施。

6.3 进度管控

铁塔分部工程进度管控主要涉及进度计划编制、进度过程控制、进度计划调整等三个方面的工作。

6.3.1 进度计划编制

（1）督促各参建单位根据工程一级网络进度计划编制二级网络进度计划（重点关注铁塔分部工程），经监理项目部审核，由业主项目部审定后执行。

（2）国家电网公司物资部及国网物资公司落实特高压直流线路工程物资供应计划，业主项目部以一级网络计划为基础协调落实铁塔分部工程的施工图交付计划。

（3）里程碑进度计划指导一级网络进度计划，一级网络进度计划指导二级网络进度计划，下级网络计划必须确保上级网络计划的有效实施。

6.3.2 进度过程控制

充分发挥业主项目部中间协调作用，切实做好图纸供应、物资供货、监理和施工投入、作业用地等各方面的协调与对接工作，切实确保施工进度受控。

（1）督促设计单位根据一级网络进度计划及时完成施工图的交付工作。

（2）督促物资单位根据一级网络进度计划及时完成甲供材料（塔材、螺栓）的供应工作。

（3）督促施工单位综合考虑工程内外部环境、气候以及可能导致施工受阻等因素，合理调配和投入施工资源，科学组织施工。

（4）督促监理单位派驻履职资格和能力胜任的监理人员进驻现场开展监理工作，并收集上报铁塔施工进度相关信息。

（5）每周对施工进度执行情况进行盘点，如实际进度滞后于计划进度，及时发布进度预警，并督促相关单位采取措施，及时修正进度。

（6）密切关注各参建单位的资源投入，确保施工力量满足现场需求。

6.3.3 进度计划调整

（1）当工程实际进度滞后并采取有效措施纠偏但仍无法满足铁塔进度里程碑计划时，业主项目部应及时向建设管理单位提出调整计划，经建设管理单位审查批准后执行。

（2）根据工程总体部署和安排，建设管理单位对一级网络进度计划进行调整，业主项目部组织二级网络计划的调整，并按照程序完成审批。

6.4 合同与技经管控

铁塔分部工程合同与技经管控主要涉及工程量审核、进度款管理、设计变更与签证、铁塔分部工程的预结算管理等四个方面的工作。

6.4.1　工程量审核

（1）组织设计、施工和监理单位依据铁塔结构图、工程设计变更及经各方确认的工程联系单等资料核对工程量，并编制完成施工工程量文件。

（2）组织铁塔施工工程量管理和资料归档工作。

6.4.2　进度款管理

（1）审核及确认铁塔施工预付款、进度款、设计费、监理费以及其他费用支付申请，并向建设管理单位提出支付意见。

（2）在基建管理信息系统中向建设管理单位提交复核后的铁塔施工预付款、进度款支付申请。

（3）填写进度款审核管控记录表。

6.4.3　设计变更与签证

（1）审核铁塔施工设计变更（签证），依据《国家电网公司输变电工程设计变更与现场签证管理办法》，按审批权限分级审批。

（2）完成铁塔施工设计变更（签证）相关审批后，在基建管理信息系统中录入变更（签证）结果及其他相关内容。

（3）监督、检查监理单位及时审核有关造价部分的铁塔施工变更（签证）资料。

（4）填写设计变更（签证）管控记录表上造价管理的内容。

6.4.4　预结算管理

（1）铁塔分部工程结束 1 个月以内，组织设计、施工和监理单位开展铁塔工程预结算，并形成预结算报告。

（2）配合开展铁塔分部工程预结算督察、检查管理工作。

7　铁塔验收

铁塔组立完成率达到 70% 时，组织开展铁塔验收。铁塔验收包括三级自检、监理初检、中间验收、质量监督检查等四个方面的工作。

7.1　三级自检

督促施工单位编制三级自检办法，并按照施工班组自检 100%、施工项目部复检 100%、施工单位公司级专检 30% 的抽查比例有序开展并完成铁塔施工三级自检及消缺，同时形成三级自检验收报告并上报监理单位。

7.2　监理初检

督促监理单位编制监理初检办法，并在三级自检完成的基础上，按照直线塔抽检不少于 30%，耐张塔、重要跨越塔抽检比例 100%，且应覆盖所有的铁塔型式开展监理初检工作，消缺完成后出具监理初检报告，督促施工单位对相关初检发现问题及时整改闭环。

7.3　中间验收

业主项目部编制中间验收办法，组织设计、施工、监理、运行、物资等单位开展中间验收，并出具中间验收报告，填写中间验收管控记录表，督促施工单位对中间验收发现问题及时整改闭环。

7.4 质量监督检查

在中间验收完成并具备质量监督检查的基础上，向质量监督总站提交检查申请，并配合质量监督总站开展质量监督检查活动。责成相关单位及时整改闭环发现的问题。

8 管控记录

铁塔分部工程作业过程中应形成如表 8-1 所示的记录表，表格样式见附录 A。

表 8-1　　　　　　　铁塔分部工程标准化作业管控记录表

序号	记录名称	份数	保存单位
1	物资供应管控记录表	1	建设管理单位
2	设计交底管控记录表	1	建设管理单位
3	施工图会检管控记录表	1	建设管理单位
4	特殊施工技术方案审查管控记录表	1	建设管理单位
5	工程开工报审管控记录表	1	建设管理单位
6	输变电工程安全施工作业票（B 票）	1	建设管理单位
7	安全文明施工奖励记录	1	建设管理单位
8	安全文明施工处罚记录	1	建设管理单位
9	进度款审核管控记录表	1	建设管理单位
10	设计变更审批单	1	建设管理单位
11	现场签证审批单	1	建设管理单位
12	重大设计变更审批单	1	建设管理单位
13	重大签证审批单	1	建设管理单位
14	设计变更（签证）管控记录表	1	建设管理单位
15	中间验收管控记录表	1	建设管理单位

9 考核

9.1 作业过程指标

9.1.1 安全目标

不发生六级及以上人身事件；不发生因工程建设引起的六级及以上电网及设备事件；不发生六级及以上施工机械设备事件；不发生火灾事故；不发生环境污染事件；不发生负主要责任的一般交通事故；不发生基建信息安全事件；不发生对公司造成影响的安全稳定

事件。

9.1.2 质量目标

输变电工程"标准工艺"应用率100%；工程"零缺陷"投运；实现工程达标投产及国家电网公司优质工程目标；创中国电力优质工程，创国家级优质工程金奖；工程使用寿命满足公司质量要求；不发生因工程建设原因造成的六级及以上工程质量事件。

9.1.3 进度目标

确保铁塔分部工程开、竣工时间和里程碑进度计划按时完成。落实铁塔分部工程计划开工时间，完成时间节点。

9.2 作业结果指标

根据国家电网公司对有关业主、设计、监理、施工、物资等相关单位的评价办法进行考核。

9.2.1 业主项目部评价

对业主项目部的综合评价主要包括业主项目部标准化建设、重点工作开展情况、工作成效三个方面，具体评价内容及评价标准参见业主项目部综合评价表。

9.2.2 设计单位评价

按照《国家电网公司输变电工程设计质量管理办法》相关规定，业主项目部配合建设管理单位完成对设计单位的施工图设计、设计变更、现场服务和竣工图设计四个部分的质量评价，具体评价指标及评价标准依据《国家电网公司输变电工程设计质量管理办法》。

9.2.3 监理项目部评价

业主项目部对监理项目部的综合评价主要包括项目部组建及资源配置、项目管理、安全管理、质量管理、造价管理与技术管理六个方面，具体评价内容及评价标准参见监理项目部综合评价表。

9.2.4 施工项目部评价

业主项目部对施工项目部的综合评价主要包括项目部组建及管理人员履职、项目管理、安全管理、质量管理、造价管理与技术管理六个方面，具体评价内容及评价标准参见施工项目部综合评价表。

9.2.5 物资管理部门考核

在项目实施过程中，业主项目部配合建设管理单位物资管理部门对物资供应商在产品设计、生产制造、发货运输、交货验收、安装调试、售后服务等方面的履约行为进行全过程评价。

附录 A 管控记录样表

A.1 物资供应管控记录表

物资供应管控记录表

工程名称：

工作依据	建设管理纲要、经批准的物资供应计划、物资供应合同
物资供应存在问题及采取的措施	 技术管理专责：_____；日期：_____ 物资协调联系人：_____；日期：_____
物资供应存在问题及采取的措施	 技术管理专责：_____；日期：_____ 物资协调联系人：_____；日期：_____
物资供应存在问题及采取的措施	 技术管理专责：_____；日期：_____ 物资协调联系人：_____；日期：_____
物资供应情况评价	 技术管理专责：_____；日期：_____ 建设协调专责：_____；日期：_____ 业主项目经理：_____；日期：_____

注 本表由技术管理专责、物资协调联系人对物资供应质量及时间等存在问题进行填写，技术管理专责、建设协调专责、业主项目经理在物资供应情况结束后对物资供应情况进行总体评价。

A.2 设计交底管控记录表

设计交底管控记录表

工程名称： 　　　　　　　　　　　　　　　　　　编号：

会议名称	＿＿＿＿＿＿＿＿＿＿＿＿设计交底会			
会议日期及地点	会议日期：＿＿＿＿＿会议地点：＿＿＿＿＿			
参会单位				
交底主要内容				
会议纪要情况	起草：＿＿＿＿＿＿＿日期：＿＿＿＿＿＿＿ 本纪要于＿＿＿＿年＿＿月＿＿日经＿＿＿＿＿＿＿签发			
纪要发放记录	接收部门（单位）	接收人	发放人	日期
	⋮			

注 本表由技术管理专责在设计交底会后根据会议情况，在完成会议纪要编写、签发、发放等工作时即时填写。每次会议单独填写本表，编号顺延（设计交底纪要由设计院编发，本表仅作为记录管控用）。

A.3 施工图会检管控记录表

施工图会检管控记录表

工程名称：   编号：

会议名称	_____施工图会检会			
会议日期及地点	会议日期：_____会议地点：_____			
参会单位				
会议确定主要事项				
会议纪要情况	起草：_____日期：_____ 本纪要于_____年___月__日经_____签发			
纪要发放记录	接收部门（单位）	接收人	发放人	日期
	⋮			
会议事项落实情况	技术管理专责：_____；日期：_____ 质量管理专责：_____；日期：_____ 业主项目经理：_____；日期：_____			

注　本表由技术管理专责在施工图会检会后根据会议情况，在完成会议纪要编写、签发、发放等工作时即时填写，技术管理专责、质量管理专责、业主项目经理共同对会议落实事项进行监督落实，按规定期限完成。每次会议单独填写本表，编号顺延。

A.4 特殊施工技术方案审查管控记录表

特殊施工技术方案审查管控记录表

工程名称：   编号：

文件名称	
接收时间	于___年___月___日接到_____施工项目部的报审文件。 接收人：_____
审核依据	《国家电网公司基建安全管理规定》《电力建设工程施工技术导则》《电气装置安装工程质量检验及评定规程（电气工程）》《±800kV 架空送电线路工程施工质量验收及评定规程》《±800kV 架空送电线路工程施工质量检验及评定规程》，其他经批准的设计文件、相关施工及验收规范、标准工艺等
审核要点	文件的内容是否完整，制定的施工工艺流程是否合理，施工方法是否得当，是否先进，是否有利于保证工程质量、安全、进度；安全危险点分析或危险源辨识、环境因素识别是否准确、全面，应对措施是否有效；质量保证措施是否有效，针对性是否强，是否落实了工程创优措施
审核意见及过程监督	技术管理专责：_____；日期：_____ 安全管理专责：_____；日期：_____ 业主项目经理：_____；日期：_____

注 本表由相关管理专责、业主项目经理根据工作开展情况即时填写。每个方案单独填写本表，编号顺延。

A.5 工程开工报审管控记录表

工程开工报审管控记录表

工程名称：   编号：

文件名称	_____开工报审表
接收日期	于____年___月___日接到_____施工项目部的报审文件。 接收人：_____
审核依据	《建设工程项目管理规范》《国家电网公司基建管理通则》《国家电网公司基建项目管理规定》《国家电网公司输变电工程进度计划管理办法》《国家电网公司业主项目部标准化管理手册》《国家电网公司监理项目部标准化管理手册》《国家电网公司施工项目部标准化管理手册》，本工程建设管理纲要、设计合同、施工合同、监理合同，其他相关规程规范及经批准的设计文件等
审核意见	 建设协调专责：_____；日期：_____
批准	业主项目经理：_____；日期：_____

注　本表由建设协调专责、业主项目经理在收到文件、出具审核意见及批准时分别填写，在接到报审文件两周内完成。

A.6　输变电工程安全施工作业票（B票）

编号：

工程名称			
施工班组（队）		作业地点	
作业内容及部位		开工时间	
施工人数		风险等级	

主要风险：

工作分工：

作业前检查

	是	否
施工人员着装是否规范、精神状态是否良好	□	□
施工安全防护用品（包括个人）、用具是否齐全和完好	□	□
现场所使用的工器具是否完好且符合技术安全措施要求	□	□
是否按平面布置图要求进行施工作业现场布置	□	□
是否编制技术安全措施	□	□
施工人员是否参加过本工程技术安全措施交底	□	□
施工人员对工作分工是否清楚	□	□
各工作岗位人员对存在的风险点、风险源是否明白	□	□
预控措施是否明白	□	□

参加作业人员签名：

备注：

工作负责人		审核人（安全、技术）	
安全监护人		签发人 （施工项目部经理）	
签发日期			
监理人员 （三级及以上风险）		业主项目部经理 （四级及以上风险）	

A.7 安全文明施工奖励记录

序号	日期	奖励事由	金额	受奖励单位	受奖励单位项目负责人签字	业主项目经理签字

注 本表由业主项目部安全负责填写。

A.8 安全文明施工处罚记录

序号	日期	处罚事由	金额	受处罚单位	受处罚单位项目负责人签字	业主项目经理签字

注 本表由业主项目部安全负责填写。

A.9 进度款审核管控记录表

进度款审核管控记录表

工程名称：   编号：

进度款审核记录	接到进度款支付申请单日期	提出单位	工程量完成情况	进度款额度（元）	监理审核人
	工程量完成与合同条款审核情况： 造价管理专责：_____；日期：_____ 业主项目经理：_____；日期：_____				
进度款审核记录	接到进度款支付申请单日期	提出单位	工程完成情况	进度款额度（元）	监理审核人
	工程量完成与合同条款审核情况： 造价管理专责：_____；日期：_____ 业主项目经理：_____；日期：_____				
进度款审核记录	接到进度款支付申请单日期	提出单位	工程量完成情况	进度款额度（元）	监理审核人
	工程量完成与合同条款审核情况： 造价管理专责：_____；日期：_____ 业主项目经理：_____；日期：_____				

注　本表由造价管理、业主项目经理在进度款审核完成一周内填写完成。

特高压直流工程建设管理实践与创新——线路工程标准化作业指导书

A.10 设计变更审批单

设 计 变 更 审 批 单

工程名称：　　　　　　　　　　　　　　　　　　　　　　　　　编号：

致＿＿＿＿＿＿＿＿＿（监理项目部）： 变更事由： 变更费用： 附件：1. 设计变更建议或方案。 　　　2. 设计变更费用计算书。 　　　3. 设计变更联系单（如有）。 设　　总：＿＿＿＿＿（签　字） 设计单位：＿＿＿＿＿（盖　章） 日　　期：＿＿年＿＿月＿＿日	
监理单位意见 总监理工程师：（签字并盖项目部章） 日期：＿＿年＿＿月＿＿日	施工单位意见 项目经理：（签字并盖项目部章） 日期：＿＿年＿＿月＿＿日
业主项目部审核意见 专业审核意见： 项目经理：（签字） 日期：＿＿年＿＿月＿＿日	建设管理部门审批意见 建设（技术）审核意见： 技经审核意见： 部门分管领导：（签字并盖部门章） 日期：＿＿年＿＿月＿＿日

注　1. 编号由监理项目部统一编制，作为审批设计变更的唯一通用表单。

　　2. 一般设计变更执行设计变更审批单，重大设计变更执行重大设计变更审批单。

　　3. 本表一式五份（施工、设计、监理、业主项目部各一份，建设管理单位存档一份）。

A.11　现场签证审批单

现 场 签 证 审 批 单

工程名称：　　　　　　　　　　　　　　　　　　　　　　　　　　　编号：

致＿＿＿＿＿＿＿（监理项目部）： 签证事由： 签证费用： 附件：1. 现场签证方案。 　　　2. 签证费用计算书。 　　　　　　　　　　　　　　　　　　项目经理：＿＿＿＿（签　　字） 　　　　　　　　　　　　　　　　　　施工单位：＿＿＿＿（盖　　章） 　　　　　　　　　　　　　　　　　　日　　期：＿＿年＿月＿日	
监理单位意见 总监理工程师：（签字并盖项目部章） 日期：＿＿年＿＿月＿＿日	设计单位意见 设总：（签字并盖公章） 日期：＿＿年＿＿月＿＿日
业主项目部审核意见 专业审核意见： 项目经理：（签字） 日期：＿＿年＿＿月＿＿日	建设管理部门审批意见 建设（技术）审核意见： 技经审核意见： 部门分管领导：（签字并盖部门章） 日期：＿＿年＿＿月＿＿日

　　注　1. 编号由监理项目部统一编制，作为审批现场签证的唯一通用表单。

　　　　2. 一般签证执行现场签证审批单，重大签证执行重大签证审批单。

　　　　3. 本表一式五份（施工、设计、监理、业主项目部各一份，建设管理单位存档一份）。

A.12 重大设计变更审批单

重大设计变更审批单

工程名称：　　　　　　　　　　　　　　　　　　　　　　　　编号：

致　　　　　　（监理项目部）： 变更事由： 变更费用： 附件：1. 设计变更建议或方案。 　　　2. 设计变更费用计算书。 　　　3. 设计变更联系单（如有）。 　　　　　　　　　　　　　　　　　　　　设　总：　　　（签　字） 　　　　　　　　　　　　　　　　　　　　设计单位：　　　（盖　章） 　　　　　　　　　　　　　　　　　　　　日　期：　　年　月　日		
监理单位意见 总监理工程师:(签字并盖项目部章) 日期：___年___月___日	施工单位意见 项目经理：(签字并盖项目部章) 日期：___年___月___日	业主项目部审核意见 专业审核意见： 项目经理：（签字） 日期：___年___月___日
建设管理单位审批意见 建设（技术）审核意见： 技经审核意见： 部门主管领导（签字） 单位分管领导：（签字并盖部门章） 日期：___年___月___日	项目法人单位基建部审批意见 建设（技术）审核意见： 技经审核意见： 部门分管领导：（签字并盖部门章） 日期：___年___月___日	

注　1. 编号由监理项目部统一编制，作为审批重大设计变更的唯一通用表单。

　　2. 本表一式五份（施工、设计、监理、业主项目部各一份，建设管理单位存档一份）。

A.13 重大签证审批单

重 大 签 证 审 批 单

工程名称：　　　　　　　　　　　　　　　　　　　　　　　　　编号：

致＿＿＿＿＿＿（监理项目部）：		
签证事由：		
签证费用：		
附件：1. 现场签证方案。		
2. 签证费用计算书。		
……		
项目经理：＿＿＿（签　字） 　　　　　　　　　　　　　　　　　　　　　　施工单位：　　（盖　章） 　　　　　　　　　　　　　　　　　　　　　　日　　期：＿＿年＿＿月＿＿日		
监理单位意见 总监理工程师：（签字并盖项目部章） 日期：＿＿年＿＿月＿＿日	设计单位意见： 设总：（签字并盖公章） 日期：＿＿年＿＿月＿＿日	业主项目部审核意见 专业审核意见： 项目经理：（签字） 日期：＿＿年＿＿月＿＿日
建设管理单位审批意见 建设（技术）审核意见： 技经审核意见： 部门主管领导：（签字） 单位分管领导：（签字并盖部门章） 日期：＿＿年＿＿月＿＿日	项目法人单位基建部审批意见 建设（技术）审核意见： 技经审核意见： 部门分管领导：（签字并盖部门章） 日期：＿＿年＿＿月＿＿日	

注　1. 编号由监理项目部统一编制，作为审批重大签证的唯一通用表单。

　　2. 本表一式五份（施工、设计、监理、业主项目部各一份，建设管理单位存档一份）。

A.14 设计变更（签证）管控记录表

设计变更（签证）管控记录表

工程名称：　　　　　　　　　　　　　　　　　　　　　　　　　编号：

	接到变更（签证）单日期	提出单位	变更（签证）原因说明	涉及费用(元)	监理审核人	设计审核人
设计变更（签证）记录						
	变更（签证）技术内容确认情况： 技术管理专责：＿＿＿＿＿；日期：＿＿＿＿＿ 造价管理专责：＿＿＿＿＿；日期：＿＿＿＿＿ 业主项目经理：＿＿＿＿＿；日期：＿＿＿＿＿					
	接到变更（签证）单日期	提出单位	变更（签证）原因说明	涉及费用(元)	监理审核人	设计审核人
设计变更（签证）记录						
	变更（签证）技术内容确认情况： 技术管理专责：＿＿＿＿＿；日期：＿＿＿＿＿ 造价管理专责：＿＿＿＿＿；日期：＿＿＿＿＿ 业主项目经理：＿＿＿＿＿；日期：＿＿＿＿＿					
	接到变更（签证）单日期	提出单位	变更（签证）原因说明	涉及费用(元)	监理审核人	设计审核人
设计变更（签证）记录						
	变更（签证）技术内容确认情况： 技术管理专责：＿＿＿＿＿；日期：＿＿＿＿＿ 造价管理专责：＿＿＿＿＿；日期：＿＿＿＿＿ 业主项目经理：＿＿＿＿＿；日期：＿＿＿＿＿					

注　本表由技术管理专责、造价管理专责、业主项目经理在变更（签证）发生后一周内完成填写。

A.15　中间验收管控记录表

中间验收管控记录表

工作名称：　　　　　　　　　　　　　　　　　　　　　　　　　　编号：

工作内容	＿＿＿＿＿＿＿＿＿＿＿＿＿＿＿＿＿＿＿＿＿＿＿＿阶段中间验收
工作依据	《±800kV 架空送电线路工程施工质量验收及评定规程》《±800kV 架空送电线路工程施工质量检验及评定规程》《电气装置安装工程质量检验及评定规程》《国家电网公司基建质量管理规定》《国家电网公司输变电工程验收管理办法》，经批准的设计文件、施工验收规范及质量评定规程等
参加单位	
接收验收申请	＿＿＿年＿＿＿月＿＿＿日，接到＿＿＿＿＿＿＿＿＿＿＿＿＿＿监理项目部中间验收申请。 质量管理专责：＿＿＿＿＿＿＿＿＿＿＿＿＿＿
审核意见	 质量管理专责：＿＿＿＿＿＿＿；日期：＿＿＿＿＿＿ 技术管理专责：＿＿＿＿＿＿＿；日期：＿＿＿＿＿＿ 业主项目经理：＿＿＿＿＿＿＿；日期：＿＿＿＿＿＿
提交中间验收申请	＿＿＿年＿＿＿月＿＿＿日，提交＿＿＿监理项目部监理初检报告和中间验收申请至＿＿＿（建设管理单位）。 提交人：＿＿＿＿＿＿＿；接收人：＿＿＿＿＿＿
参与（或受托组织）中间验收	（参与验收时填写） ＿＿＿年＿＿＿月＿＿＿日～＿＿＿年＿＿＿月＿＿＿日，参与中间验收工作。 参与人：＿＿＿＿＿＿＿＿＿＿＿＿＿ （受托组织时填写） ＿＿＿年＿＿＿月＿＿＿日～＿＿＿年＿＿＿月＿＿＿日，组织中间验收工作。 组织人：＿＿＿＿＿＿＿；业主项目经理：＿＿＿＿＿＿
缺陷整改情况	 质量管理专责：＿＿＿＿＿＿＿；日期：＿＿＿＿＿＿ 建设协调专责：＿＿＿＿＿＿＿；日期：＿＿＿＿＿＿ 技术管理专责：＿＿＿＿＿＿＿；日期：＿＿＿＿＿＿ 业主项目经理：＿＿＿＿＿＿＿；日期：＿＿＿＿＿＿

注　本表由相关管理专责及业主项目经理根据工作开展情况即时填写。各阶段中间验收时单独填写本表，编号顺延。

四

接地施工标准化作业指导书

特高压直流工程建设管理实践与创新——线路工程标准化作业指导书

目　次

封面样式···77
1　概述··79
　　1.1　相关说明···79
　　1.2　工程特点···80
2　作业流程··80
3　职责分工··81
4　程序与标准··82
5　作业准备··83
　　5.1　建设协调···83
　　5.2　设计交底及电气施工图会检··83
　　5.3　方案审查···83
　　5.4　标准化开工审查···83
6　作业过程管控···84
　　6.1　安全管控···84
　　6.2　质量管控···85
　　6.3　进度管控···85
　　6.4　合同与技经管控···86
7　接地工程验收···86
8　报告与记录··86
9　考核··87
　　9.1　作业过程指标··87
　　9.2　作业结果指标··87
附录A　管控记录样表··89

封面样式

×××±×××kV 特高压直流线路工程
××段接地施工标准化作业指导书

编制单位：

编制时间：　　　　年　　月　　日

审批页样式

审　批　页

批　　准：（建管单位分管领导）＿＿＿＿＿＿　年　月　日

审　　核：（线路部）＿＿＿＿＿＿＿＿＿＿　年　月　日

　　　　　（安质部）＿＿＿＿＿＿＿＿＿＿　年　月　日

编　　写：（业主项目经理）＿＿＿＿＿＿＿　年　月　日

　　　　　（项目职能人员）＿＿＿＿＿＿＿　年　月　日

1 概述

1.1 相关说明

1.1.1 术语和定义

（1）接地工程：是指埋设在地下的接地体通过连接线与架空输电线路铁塔可靠连接，将雷击电压和线路运行感应电压产生的电流引入大地，起到保护安全运行的工程。按照接地体的埋设方式不同，可接地分为浅埋式和深埋式两大类：

1）表面式接地：由接地框线和射线组成，接地体一般采用圆钢、镀锌圆钢（扁钢）、铜覆圆钢、柔性石墨等。接地体敷设平行于自然地面，埋深一般在 1m（耕地、水田）、0.8m（一般平地）、0.6m（山地）。

2）深埋式接地：在表面式接地的基础上，在接地框线或接地射线上安装特殊接地装置，如接地模块、垂直接地体（角钢、镀铜钢棒）、等离子接地棒，并灌以土壤处理剂、煅烧石油焦炭。深埋式接地一般用于土壤电阻率较高或对接地电阻有特殊的塔位，其垂直接地体埋设深度一般在 3～5m 之间。

（2）巡视：对正在施工的部位或工序在现场进行定期或不定期的监督检查活动。

1.1.2 适用范围

本作业指导书适用于××±××kV 特高压输电线路工程接地分部工程标准化作业，其他特高压直流线路工程可进行参照。

1.1.3 工作依据

工作依据为现行国标、行标、企标有效版本和工程设计及管理相关文件。主要为：

（1）GB 50169—2006《电气装置安装工程 接地装置施工及验收规范》。

（2）GB 50790—2013《±800kV 直流架空输电线路设计规范》。

（3）DL/T 1312—2013《电力工程接地用铜覆钢技术条件》。

（4）DL/T 1314—2013《电力工程用缓释型离子接地装置技术条件》。

（5）DL/T 1315—2013《电力工程接地装置用放热焊剂技术条件》。

（6）DL/T 1342—2014《电气接地工程用材料及连接件》。

（7）DL/T 248—2012《输电线路杆塔不锈钢复合材料耐腐接地装置 》。

（8）DL 5009.2—2013《电力建设安全工作规程（电力线路）》。

（9）Q/GDW 1225—2014《±800kV 架空送电线路施工及验收规范》。

（10）Q/GDW 1226—2014《±800kV 架空送电线路施工质量检验及评定规程》。

（11）Q/GDW 10248.1—2016《输变电工程建设标准强制性条文实施管理规程》。

（12）Q/GDW 11317—2014《输电线路杆塔工频接地电阻测量导则》。

（13）基建质量〔2010〕19 号关于印发《国家电网公司输变电工程质量通病防治工作要求及技术措施》的通知。

（14）国家电网安质（2016）212 号 《国家电网公司电力安全工作规程电网建设部分（试行）》。

（15）国网（基建/2）112—2015《国家电网公司基建质量管理规定》。

（16）国网（基建/2）173—2015《国家电网公司基建安全管理规定》。

（17）国网（基建/2）174—2015《国家电网公司基建技术管理规定》。

（18）国网（基建/3）176—2015《国家电网公司输变电工程施工安全风险识别评估及预控措施管理办法》。

（19）国网（基建/3）186—2015《国家电网公司输变电工程标准工艺管理办法》。

（20）国网（基建/3）187—2015《国家电网公司输变电工程安全文明施工标准化管理办法》。

（21）工程杆塔明细表、接地施工图及接地施工图会检纪要（接地部分与基础施工图会检一起进行）。

1.2　工程特点

1.2.1　工程简介

列清标段线路长度；线路路径；起始杆号；塔基数量；耐张、直线塔数量。主要地形地貌、地质及自然气候条件、交通条件等。接地型式（镀锌圆钢接地、镀锌圆钢接地+接地模块、铜覆钢接地、铜覆钢接地+垂直接地体、柔性石墨、等离子接地），特殊接地施工要求。

1.2.2　工艺要求

工程设计和施工工艺特殊要求：接地沟槽开挖、接地装置敷设、接地装置连接（电焊、火焊、放热焊、压接）、接地沟槽回填（一般土回填、换土回填、加土壤处理剂处理回填、加煅烧石油焦炭回填）、接地引下线制作与安装等。

2　作业流程

包含从作业准备，接地沟槽开挖，接装置敷设，接地装置连接，接地沟槽回填，接地引下线制作，接地引下线安装，质量验收，场地清理等作业环节。具体流程见图 2-1。

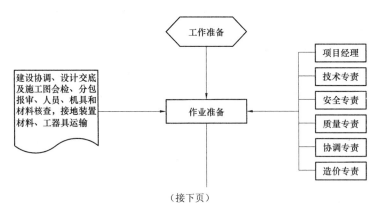

图 2-1　接地施工工艺流程图（一）

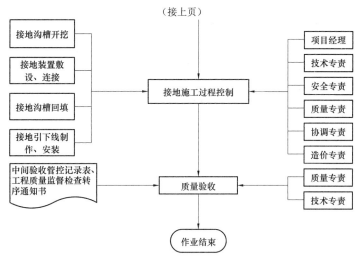

图 2-1　接地施工工艺流程图（二）

3　职责分工

业主项目部各主要管理人员在接地分部工程阶段的主要职责，见表3-1。

表 3-1　　　　　　　　　　业主项目部人员职责划分表

序号	人员类别	职　责	备注
1	项目经理	参与接地工程设计交底暨接地施工图会检，签署接地分部工程开工各项报审文件	与基础标准化开工相结合
2	技术专责	组织设计交底暨接地施工图会检，负责接地分部工程开工技术类文件审核	与基础施工图会检一并进行
3	安全专责	负责接地工程开工安全类文件审核，参与设计交底暨接地施工图会检，组织开展工程现场日常安全巡查，参与工程现场月度检查，督促检查基建安全管理在工程过程中的落实情况，重点关注现场安全文明施工、安全技术方案落实、人员教育培训、施工技术交底、班前会、人员到岗到位、同进同出、持证上岗、作业票使用、施工机具和安全防护用品用具配置及使用、施工用电安全、安措费使用等事项，负责设计、施工、监理项目部基础工程施工安全管理工作考核、评价及项目建设安全信息上报、传递和发布	与基础安全管理同步开展
4	质量专责	参与设计交底暨接地施工图会检，负责接地工程开工质量创优类文件审核，组织开展接地工程质量例行检查、随机抽查活动，督促质量强制性条文、防质量通病和质量创优措施得到有效落实，确保标准工艺得到全面应用；编制接地分部工程中间验收办法，督促施工和监理有效开展三级自检和初检，科学组织接地分部工程中间验收，起草中间验收报告；联系协调质量监督总站并统筹安排做好杆塔组立前质量监督检查迎检、整改闭环工作；组织做好地基基础、结构评价和创优咨询相关工作	将质量管理、中间验收、进入基础施工质量管理
5	协调专责	配合业主项目经理组织开展接地施工外部协调及政策处理工作，检查并跟踪开工手续办理情况，推动落实标准化开工条件；督促设计、施工、监理等单位严格执行基础施工进度计划，并每月检查进度计划执行情况，分析进度偏差原因，提出纠偏措施；负责工程月度例会和专题协调会的组织工作，编制会议纪要，审核工程建设月报，印发工程相关单位并跟踪落实；应用基建管理信息系统开展信息管理工作，牵头组织接地分部工程相关信息、数据、数码照片的录入和上传工作；负责业主项目部来往文件的收发、整理、归档工作；根据档案标准化管理要求督促施工、监理等单位及时完成基础施工记录、数码照片、文件资料的收集、整理和组卷工作	将接地协调并于基础施工协调

续表

序号	人员类别	职　责	备注
6	造价专责	参与设计交底暨接地施工图会检，负责接地工程进度款拨付、工程量审核，配合完成工程进度款申请、费用划拨等工作；负责基础设计变更和现场签证费用审核，并按规定权限报批；接地工程结束，及时组织设计、施工和监理单位开展基础工程预结算，并形成预结算报告	将接地工程款、工程量、施工进度、现场签证并于基础施工造价管理

4　程序与标准

接地施工阶段作业程序、标准、风险及预控措施见表4-1。

表4-1　　　　　　　　　作业程序与标准管控表

序号	作业程序	责任人	作业标准	作业风险	预控措施
01	作业准备	项目经理、技术专责、安全专责、质量专责、协调专责、造价专责	组织各参建单位高效有序完成接地施工各项准备工作，主要包括电气施工图纸催缴、接地施工建设协调、设计交底及电气施工图会检、接地施工分包报审等标准化开工资料审查、施工和监理单位人员、作业机具和材料准备工作情况核查，确保接地施工顺利开展	接地施工准备工作未完成或相关准备不符合要求就开展作业，导致作业无法正常开展、作业延期、工程安全和质量失控	不满足接地施工条件作业时，立即下发工程暂停令，并报告建设管理单位，同时督促设计、施工或监理单位整改
02	接地施工过程管控	技术专责、安全专责、质量专责、协调专责、造价专责	开展例行检查、专项检查、随机检查、安全质量巡查等活动对现场安全质量技术措施落实、施工单位同进同出、人员到岗到位、安全文明施工情况、强条执行、安全质量通病防治措施、标准工艺应用等方面工作进行监督检查；利用影像资料等手段加强施工安全质量过程控制，对检查中发现的各类问题，下发检查问题整改通知单，要求责任单位整改并填写检查问题整改反馈单，对整改结果进行确认。定期盘点施工进度，对施工进度进行纠偏，确保施工进度符合施工计划目标，并按照架线施工进度支付施工预付款、进度款、设计费、监理费以及其他费用。组织开展接地施工工程量管理和资料归档工作，依据电气施工设计图纸、工程设计变更、现场签证及经各方确认的工程联系单等资料核对工程量，并编制完成施工工程量文件，并在接地工程结束后，组织相关单位开展工程结算，并形成结算报告	未开展接地施工过程管控或管控不到位，导致安全、质量问题、施工进度滞后及影响工程结算等后果	落实各级人员职责，按要求开展现场安全质量检查工作，督促现场依据接地施工方案有序规范开展作业。定期跟踪接地施工进度，出现进度滞后情况及时采取纠偏措施。督促各参建单位按时完成各项资料归档工作。对施工过程中发现的问题及时指出，督促整改
03	竣工预验收	技术专责、质量专责	接地工程完工后，按照验收规范的要求组织开展竣工预验收，编制竣工预验收方案。督促完成施工单位三级自检和监理单位初检工作。组织建管单位竣工预验收，起草竣工预验收报告。协调并配合质量监督总站完成投运前质量监督检查	未按程序开展预验收，导致工程质量不满足验收规范要求、档案资料不完整，影响工程投运	召开质量分析会、开展质量专项检查；督促监理单位做好接地施工旁站、质量检查、控制工作；组织开展标准工艺培训；利用影像资料等手段加强施工质量过程控制

5 作业准备

接地施工作业准备涵盖建设协调、设计交底和电气施工图会检、方案审查、标准化开工审查等四方面的工作。接地施工作业准备纳入基础施工作业准备同步开展。

5.1 建设协调

5.1.1 外部协调

接地工程开工前，做好接地施工用地外部协调、重大制约性问题上报建设管理单位及时处理，确保接地工程依法合规建设，力求接地工程按计划如期开工。

5.1.2 内部协调

动态跟踪并严格监管镀锌圆钢、铜覆钢，柔性石墨等乙供材料招标和供货情况，对于物资供货进度和质量问题按要求填写物资供应管控记录表。

5.2 设计交底及电气施工图会检

5.2.1 设计交底

按照接地工程设计交底（电气接地部分）并入基础分部工程设计交底工作原则，督促设计单位编制设计交底课件，并组织召开设计交底会，由设计向监理、施工、物资、运行等单位就接地工程设计思路、原则、工艺要求等进行逐一交底，同时签发设计交底会议纪要，填写设计交底管控记录表，确保设计意图在施工过程中得到有效落实。

5.2.2 施工图会检

接地工程施工图会检应与基础施工图会检同步开展，在组织基础施工施工图会检时，就接地施工相关问题予以澄清和答疑，明确接地施工工艺标准和要求，签发电气施工图会检会议纪要（若以基础施工图会检会议纪要签发，需明确接地相关内容）填写施工图会检管控记录表。

5.3 方案审查

5.3.1 内部审查

督促施工单位组织各职能部门对作业指导书进行内部审查，并形成施工作业指导书内部审查意见并报监理审批。

5.3.2 专家评审

接地施工是一般作业，无需专家评审。

5.4 标准化开工审查

5.4.1 资料审查

接地开工标准化资料，并入基础施工标准化开工资料审查同步开展。内容包括接地分包商资质（一般同于基础分包商）、乙供材料供应商资质、接地施工进度计划（一般同于基础施工进度）等标准化开工资料进行审查，落实标准化开工条件，填写标准化开工审查管控记录表和工程开工报审管控记录表，确保工程标准化开工。

5.4.2 现场核查

组织对施工和监理单位进入现场的人员、机具、物资、车辆等资源投入情况进行核查，确保现场各类资源投入与施工组织设计、监理规划、接地施工作业指导书等管理和技术文件相匹配，且满足现场进度、安全、质量管控要求。

接地施工现场核查：主要是作业人员、机具设备、施工作业指导书等核查。

6 作业过程管控

接地分部工程作业过程管控主要涉及安全、质量、进度、技经等四个方面的相关工作。

6.1 安全管控

接地分部工程安全管控包括风险管理、安全文明施工、应急管理等三个方面的工作。

6.1.1 安全风险管理

执行《国家电网公司输变电工程施工安全风险识别评估及预控措施管理办法》，组织参建项目部落实接地施工安全风险管理要求。

（1）工程开工前，组织项目设计单位对施工、监理项目进行接地施工作业风险交底，以及风险作业初勘工作。

（2）组织施工单位编制接地分部工程《施工安全固有风险识别、评估和预控清册》。

（3）根据工程实际情况，通过开展例行检查、专项检查、随机检查、安全巡查和隐患排查等活动对现场安全技术措施落实、施工单位同进同出、人员到岗到位、安全文明施工情况、安全强条执行等方面工作进行监督检查。

（4）通过基建管理信息系统，按时上报预判和正在监控的风险作业动态信息。

6.1.2 安全文明施工

落实上级有关接地分部工程安全文明施工标准及要求，负责工程项目安全文明施工的组织、策划和监督实施工作，确保现场安全文明施工。

（1）核查接地现场安全文明施工开工条件，对施工、监理单位相关人员的安全资格进行审查。

（2）审批施工单位编制的安全文明施工标准化设施报审计划和安全文明施工费使用计划，组织对进场的安全文明施工标准化设施进行验收。

（3）督促施工单位根据工程现场具体实情和安全文明施工"六化"布置要求。

（4）接地施工过程中，通过专项整治、隐患曝光、奖励处罚等手段，检查施工、监理单位现场安全文明施工管理情况，填写安全文明施工奖励记录和安全文明施工处罚记录。

（5）按照要求在基建管理信息系统中填报和审批项目安全文明施工管理相关内容。

（6）检查环保、水保措施落实情况，并按照档案管理要求，组织施工、监理单位收集、归档基础施工过程中的安全及环境等方面相关资料和数码照片。

6.1.3 应急管理

（1）牵头成立工程应急领导小组和现场应急处置组织机构，编制应急预案，督促施工、监理单位在各接地施工现场设置应急救援路线、公布应急相关人员和单位联系方式。

（2）日常工作中，对经费保障、医疗保障、交通运输保障、物资保障、治安保障和后勤保障等措施的落实情况进行检查。

（3）出现紧急情况后，立即启动现场应急预案，组织救援工作，同时上报建设管理单位应急管理机构。

（4）按照要求在基建管理信息系统中填报和审批项目安全应急管理相关内容。

6.2 质量管控

接地分部工程质量管控包括材料质量管理、强制性条文执行、标准工艺应用、质量通病防治、接地体连接、成品保护等质量控制等方面的工作。

6.2.1 材料质量管理

参与接地装置等乙供材料开箱检查，对开箱检查中发现的问题及时协调施工单位进行处理，保证材料质量满足设计施工要求。

6.2.2 强制性条文执行

（1）督促设计、施工单位编制《输变电工程设计强制性条文执行计划》和《输变电工程施工强制性条文执行计划》。

（2）督促监理单位每月对设计和施工单位的强条执行情况进行检查。

（3）定期对施工现场接地体连，接地敷设，接地沟槽开挖、回填，接地引下线制作、安装进行检查。

6.2.3 标准工艺应用

明确工程标准工艺应用目标和要求，组织施工单位编制接地分部工程标准工艺应用计划，在各施工现场设置标准工艺应用展示牌，同时每月组织对接地施工现场标准工艺应用情况进行专项检查，推动接地标准工艺在现场得到 100% 的应用。

6.2.4 质量通病防治

（1）签发质量通病防治任务书。

（2）督促各参建单位制定质量通病防治措施。

（3）督促检查质量通病防治措施在施工现场的落实情况。

（4）接地沟埋设深度不够质量通病防治的技术措施：

接地网地沟开挖时要充分考虑敷设接地体时出现弯曲的情况，留出深度富裕量。

接地体敷设时要边压平边回填，保证埋深。

杆塔引下线应竖直埋入土中，直至设计埋深。

6.2.5 成品保护

督促施工单位切实加强基础成品保护，主要措施如下：

（1）接地沟槽开挖、回填施工前，对基础立柱衬垫物覆盖。

（2）接地体敷设、连接严格按标准工艺进行。

（3）接地引下线制作，先进行比量，然后制作，最后安装。

6.2.6 接地体连接质量控制

督促施工单位编制接地施工作业指导书，对焊接、压接人员进行培训并持证上岗。

（1）督促监理单位落实焊接、压接过程中旁站并留下准确数据及影像资料。

（2）定期到现场检查连接质量。

6.3 进度管控

接地施工进度按照与基础施工同步原则进行管控。

6.4 合同与技经管控

接地分部工程合同与技经管控主要涉及工程量审核、进度款管理、设计变更与签证、预结算管理等四个方面的工作。

6.4.1 工程量审核

（1）组织运行、设计、施工和监理单位依据接地施工设计图纸、工程设计变更及经各方确认的工程联系单等资料核对工程量，并编制完成施工工程量文件。

（2）组织接地施工工程量管理和资料归档工作。

6.4.2 进度款管理

接地工程进度款支付纳入基础分部工程开展。

6.4.3 设计变更与签证

（1）审核接地施工设计变更（签证），依据《国家电网公司输变电工程设计变更与现场签证管理办法》，按审批权限分级审批。

（2）完成接地施工设计变更（签证）相关审批后，在基建管理信息系统中录入变更（签证）结果及其他相关内容。

（3）监督、检查监理单位及时审核有关造价部分的接地施工变更（签证）资料。

（4）填写设计变更（签证）管控记录表上造价管理的内容。

6.4.4 预结算管理

接地工程预结算纳入基础分部范畴，并入基础分部工程预结算。

7 接地工程验收

接地工程验收纳入基础分部工程同期一并开展。

8 报告与记录

接地分部工程作业过程中，应形成如表 8-1 所示记录，表格样式见附录 A。

表 8-1　　　　　　　　　　架线分部工程标准化作业管控记录表

序号	记 录 名 称	份数	保存单位
1	物资供应管控记录表	1	建设管理单位
2	设计交底管控记录表	1	建设管理单位
3	施工图会检管控记录表	1	建设管理单位
4	工程开工报审管控记录表	1	建设管理单位
5	输变电工程安全施工作业票	1	建设管理单位
6	安全文明施工奖励记录	1	建设管理单位
7	安全文明施工处罚记录	1	建设管理单位
8	安全检查问题整改通知单	1	建设管理单位
9	安全检查问题整改反馈单	1	建设管理单位

序号	记　录　名　称	份数	保存单位
10	工程安全检查管控记录表	1	建设管理单位
11	质量检查问题整改通知单	1	建设管理单位
12	工程质量检查管控记录表	1	建设管理单位
13	质量检查问题整改反馈单	1	建设管理单位
14	进度款审核管控记录表	1	建设管理单位
15	设计变更审批单	1	建设管理单位
16	现场签证审批单	1	建设管理单位
17	重大设计变更审批单	1	建设管理单位
18	重大签证审批单	1	建设管理单位
19	设计变更（签证）管控记录表	1	建设管理单位
20	中间验收管控记录表	1	建设管理单位

9　考核

9.1　作业过程指标

9.1.1　安全目标

不发生六级及以上人身事件；不发生因工程建设引起的六级及以上电网及设备事件；不发生六级及以上施工机械设备事件；不发生火灾事故；不发生环境污染事件；不发生负主要责任的一般交通事故；不发生基建信息安全事件；不发生对公司造成影响的安全稳定事件。

安全目标并于基础工程安全施工管控。

9.1.2　质量目标

输变电工程"标准工艺"应用率100%；工程"零缺陷"投运；实现工程达标投产及国家电网公司优质工程目标；创中国电力优质工程，创国家级优质工程金奖；工程使用寿命满足公司质量要求；不发生因工程建设原因造成的六级及以上工程质量事件。

质量目标并于基础工程质量施工管控。

9.1.3　进度目标

确保接地分部工程开、竣工时间和里程碑进度计划按时完成。落实接地分部工程计划开工时间，完成时间节点。

进度目标结合基础施工进度目标，进行制定，并满足转序要求。

9.2　作业结果指标

根据国家电网公司对有关业主、设计、监理、施工等相关单位的考核办法进行。

9.2.1　业主项目部评价

对业主项目部的综合评价主要包括业主项目部标准化建设、重点工作开展情况、工作成效三个方面，具体评价内容及评价标准参见业主项目部综合评价表。

特高压直流工程建设管理实践与创新——线路工程标准化作业指导书

9.2.2 设计单位评价

按照《国家电网公司输变电工程设计质量管理办法》相关规定，业主项目部配合建设管理单位完成对设计单位的施工图设计、设计变更、现场服务和竣工图设计四个部分的质量评价，具体评价指标及评价标准依据《国家电网公司输变电工程设计质量管理办法》。

9.2.3 监理项目部评价

业主项目部对监理项目部的综合评价主要包括项目部组建及资源配置、项目管理、安全管理、质量管理、造价管理与技术管理六个方面，具体评价内容及评价标准参见监理项目部综合评价表。

9.2.4 施工项目部评价

业主项目部对施工项目部的综合评价主要包括项目部组建及管理人员履职、项目管理、安全管理、质量管理、造价管理与技术管理六个方面，具体评价内容及评价标准参见施工项目部综合评价表。

9.2.5 物资管理部门考核

接地材料属于乙供材料，其并入施工项目评价。

· 88 ·

附录A　管控记录样表

A.1　物资供应管控记录表

物资供应管控记录表

工程名称：

工作依据	建设管理纲要、经批准的物资供应计划、物资供应合同
物资供应存在问题及采取的措施	技术管理专责：_____；日期：_____ 物资协调联系人：_____；日期：_____
物资供应存在问题及采取的措施	技术管理专责：_____；日期：_____ 物资协调联系人：_____；日期：_____
物资供应存在问题及采取的措施	技术管理专责：_____；日期：_____ 物资协调联系人：_____；日期：_____
物资供应情况评价	技术管理专责：_____；日期：_____ 建设协调专责：_____；日期：_____ 业主项目经理：_____；日期：_____

注　本表由技术管理专责、物资协调联系人对物资供应质量及时间等存在问题进行填写，技术管理专责、建设协调专责、业主项目经理在物资供应情况结束后对物资供应情况进行总体评价。

A.2 设计交底管控记录表

设计交底管控记录表

工程名称：   编号：

会议名称	＿＿＿＿＿＿＿＿＿＿＿＿＿＿＿＿设计交底会			
会议日期及地点	会议日期：＿＿＿＿＿＿＿ 会议地点：＿＿＿＿＿＿			
参会单位				
交底主要内容				
会议纪要情况	起草：＿＿＿＿＿＿＿ 日期：＿＿＿＿＿＿＿ 本纪要于＿＿＿＿年＿＿月＿＿日经＿＿＿＿＿＿＿＿签发			
纪要发放记录	接收部门（单位）	接收人	发放人	日期
	⋮			

注　本表由技术管理专责在设计交底会后根据会议情况，在完成会议纪要编写、签发、发放等工作时即时填写。每次会
议单独填写本表，编号顺延（设计交底纪要由设计院编发，本表仅作为记录管控用）。

A.3 施工图会检管控记录表

施工图会检管控记录表

工程名称：   编号：

会议名称	＿＿＿＿＿＿＿＿＿＿＿＿＿＿施工图会检会			
会议日期及地点	会议日期：＿＿＿＿＿＿＿　　会议地点：＿＿＿＿＿＿			
参会单位				
会议确定主要事项				
会议纪要情况	起草：＿＿＿＿＿＿＿　　日期：＿＿＿＿＿＿＿ 本纪要于＿＿＿＿＿年＿＿月＿＿日经＿＿＿＿＿＿＿＿＿签发			
纪要发放记录	接收部门（单位）	接收人	发放人	日期
	⋮			
会议事项落实情况	技术管理专责：＿＿＿＿＿＿；日期：＿＿＿＿＿＿ 质量管理专责：＿＿＿＿＿＿；日期：＿＿＿＿＿＿ 业主项目经理：＿＿＿＿＿＿；日期：＿＿＿＿＿＿			

注　本表由技术管理专责在施工图会检会后根据会议情况，在完成会议纪要编写、签发、发放等工作时即时填写，技术管理专责、质量管理专责、业主项目经理共同对会议落实事项进行监督落实，按规定期限完成。每次会议单独填写本表，编号顺延。

A.4 工程开工报审管控记录表

工程开工报审管控记录表

工程名称：　　　　　　　　　　　　　　　　　　　　　　　　　　　　编号：

文件名称	＿＿＿＿＿＿＿＿＿＿＿＿＿＿＿＿＿＿＿＿＿开工报审表
接收日期	于＿＿年＿＿月＿＿日接到＿＿＿＿＿＿＿＿＿＿＿＿＿＿＿施工项目部的报审文件。 接收人：＿＿＿＿＿＿＿＿＿
审核依据	《建设工程项目管理规范》、《国家电网公司基建管理通则》、《国家电网公司基建项目管理规定》、《国家电网公司输变电工程进度计划管理办法》、《国家电网公司业主项目部标准化管理手册》、《国家电网公司监理项目部标准化管理手册》、《国家电网公司施工项目部标准化管理手册》，本工程建设管理纲要、设计合同、施工合同、监理合同，其他相关规程规范及经批准的设计文件等
审核意见	 建设协调专责：＿＿＿＿＿＿＿；日期：＿＿＿＿＿＿
批准	业主项目经理：＿＿＿＿＿＿＿；日期：＿＿＿＿＿＿

注　本表由建设协调专责、业主项目经理在收到文件、出具审核意见及批准时分别填写，在接到报审文件两周内完成。

A.5 输变电工程安全施工作业票（A 票）

输变电工程安全施工作业票 A

工程名称：   编号：

施工班组（队）		工程阶段	
作业内容（可多项）		作业部位（可多地点）	
执行方案名称		动态风险等级	
施工人数		计划开始时间	
实际开始时间		实际结束时间	
主要风险			
工作负责人		安全监护人（多地点作业应分别设监护人）：	

具体分工（含特殊工种作业人员）：

其他施工人员：

作业必备条件及班前会检查		
	是	否
1. 作业人员着装是否规范、精神状态是否良好，是否经安全培训	□	□
2. 特种作业人员是否持证上岗	□	□
3. 作业人员是否有妨碍工作的职业禁忌	□	□
4. 是否有超年龄或年龄不足参与作业	□	□
5. 施工机械、设备是否有合格证并经检测合格	□	□
6. 工器具是否经准入检查，是否完好，是否经检查合格有效	□	□
7. 是否配备个人安全防护用品，并经检验合格，是否齐全、完好	□	□
8. 结构性材料是否有合格证	□	□
9. 按规定需送检的材料是否送检并符合要求	□	□
10. 安全文明施工设施是否符合要求，是否齐全、完好	□	□
11. 是否编制安全技术措施，安全技术方案是否制定并经审批或专家论证	□	□
12. 作业票是否已办理并进行交底	□	□
13. 施工人员是否参加过本工程技术安全措施交底	□	□
14. 施工人员对工作分工是否清楚	□	□
15. 各工作岗位人员对施工中可能存在的风险及预控措施是否明白	□	□

作业过程预控措施及落实
现场变化情况及补充安全措施
全员签名

编制人 （工作负责人）		审核人 （安全、技术）	
安全监护人		签发人 （施工队长）	
签发日期			

注 风险等级升级为三级及以上时，需办理安全施工作业票 B。

A.6 安全文明施工奖励记录

序号	日期	奖励事由	金额	受奖励单位	受奖励单位项目负责人签字	业主项目经理签字

注 本表由业主项目部安全专责填写。

A.7 安全文明施工处罚记录

序号	日期	处罚事由	金额	受处罚单位	受处罚单位项目负责人签字	业主项目经理签字

注 本表由业主项目部安全专责填写。

A.8 安全检查问题整改通知单

工程名称				检查编号	
检查类型				检查日期	
问题编号	问题描述	问题归类	严重级别	整改责任单位	整改期限
1					
2					
3					
⋮					
检查组长					
检查成员					

注 1. 本检查表由业主项目部安全专责填写，适用业主项目部各类安全检查。其中检查类型、问题归类、严重级别等信息应按提供的格式填写，便于分类分析，若今后要求在基建管理信息系统中填报，则依据最新要求填报。

2. 检查类型：选择填写"日检查、周检查、月度检查、随机抽查、专项检查、春秋季大检查、优质工程检查"等内容，没有的类型可不填写。

3. 问题归类：安全管理问题选择填写"业主项目部安全管理、监理项目部安全管理、施工项目部安全管理"类别，线路工程现场问题选择填写"现场安全文明施工管理、施工用电、材料管理、起重机械、工器具、基础工程、杆塔工程、跨越架、架线工程、其他"类别。

4. 严重级别：选择填写"重大隐患、一般隐患、一般问题"。问题严重级别由业主项目部根据有关规定进行判别，其中重大隐患是指可能造成人身死亡事故、重大及以上电网和设备事故的隐患，一般隐患是指可能造成人身重伤事故、一般电网和设备事故的隐患，非重大隐患和一般隐患的列为一般问题。

A.9 安全检查问题整改反馈单

工程名称				整改单位	
按照业主项目部下发的安全检查问题整改通知单（编号：　　　）所提问题，我们认真进行了整改，整改情况如下：					
问题编号	问题描述	要求整改期限	整改结果	整改完成时间	责任人
1					
2					
3					
⋮					
监理项目部复查意见： 					
复查人（或委托人）签字				复查日期	
业主项目部复查意见： 					
复查人（或委托人）签字				复查日期	

注 1. 若需施工单位完成的整改问题，则监理项目部对其整改结果进行复核，复核通过后，业主项目部对复核结果进行二次复核。

2. 若需监理单位完成的整改问题，则通过业主项目部进行复核，监理项目部在"监理项目部复查意见"一栏可不填写。

3. 若今后要求在基建管理信息系统中填报，则依据最新要求填报。

A.10　工程安全检查管控记录表

工程安全检查管控记录表

工程名称：　　　　　　　　　　　　　　　　　　　　　　　　　　　编号：

检查类型						
安全检查	<td colspan="6">　　　　年　　月　　日，业主项目部组织施工、监理等单位进行　　　　　　安全检查，形成检查整改通知单下发各有关单位。 安全管理专责：　　　　　　　　　</td>
整改通知单发放记录及整改情况	接收部门/单位	接收人	发放人	时间	是否完成整改	检查人
	⋮					
整改执行情况	<td colspan="6">安全管理专责：　　　　　；日期：　　　　　 业主项目经理：　　　　　；日期：　　　　　</td>

　　注　本表由安全管理专责、业主项目经理根据安全检查情况即时填写，每次检查单独填写本表，编号顺延。

A.11 质量检查问题整改通知单

工程名称		检查编号	
检查类型		检查日期	
问题编号	问题描述	整改责任单位	整改期限
1			
2			
3			
⋮			
检查组长			
检查成员			

注 1. 本检查表由业主项目部质量专责填写，适用业主项目部各类质量检查。

2. 检查类型：选择填写"日检查、周检查、月度检查、随机抽查、专项检查、优质工程检查"等内容，没有的类型可不填写。

3. 若今后要求在基建管理信息系统中填报，则依据最新要求填报。

A.12 工程质量检查管控记录表

工程质量检查管控记录表

工程名称：   编号：

检查类型					
质量检查	_____年___月___日，业主项目部组织施工、监理等单位进行_____质量检查，形成检查整改通知单下发各有关单位。 质量管理专责：_____				
整改通知单发放记录及整改情况	接收部门/单位	接收人	发放人	时间	是否完成整改	检查人
	⋮					
整改执行情况	质量管理专责：_____；日期：_____ 业主项目经理：_____；日期：_____				

注 本表由质量管理专责、业主项目经理根据质量检查情况即时填写，每次检查单独填写本表，编号顺延。

A.13　质量检查问题整改反馈单

工程名称				整改单位	

按照业主项目部下发的质量检查问题整改通知单（编号：　　　）所提问题，我们认真进行了整改，整改情况如下：

问题编号	问题描述	要求整改期限	整改结果	整改完成时间	责任人
1					
2					
3					
⋮					

监理项目部复查意见：

复查人（或委托人）签字		复查日期	

业主项目部复查意见：

复查人（或委托人）签字		复查日期	

注　1. 若需施工单位完成的整改问题，则监理项目部对其整改结果进行复核，复核通过后，业主项目部对复核结果进行二次复核。

2. 若需监理单位完成的整改问题，则通过业主项目部进行复核，监理项目部在"监理项目部复查意见"一栏可不填写。

3. 若今后要求在基建管理信息系统中填报，则依据最新要求填报。

A.14 进度款审核管控记录表

进度款审核管控记录表

工程名称：　　　　　　　　　　　　　　　　　　　　　　　　　　　　编号：

	接到进度款支付申请单日期	提出单位	工程量完成情况	进度款额度（元）	监理审核人
进度款审核记录					
	工程量完成与合同条款审核情况： 造价管理专责：_____；日期：_____ 业主项目经理：_____；日期：_____				
	接到进度款支付申请单日期	提出单位	工程量完成情况	进度款额度（元）	监理审核人
进度款审核记录					
	工程量完成与合同条款审核情况： 造价管理专责：_____；日期：_____ 业主项目经理：_____；日期：_____				
	接到进度款支付申请单日期	提出单位	工程量完成情况	进度款额度（元）	监理审核人
进度款审核记录					
	工程量完成与合同条款审核情况： 造价管理专责：_____；日期：_____ 业主项目经理：_____；日期：_____				

注　本表由造价管理、业主项目经理在进度款审核完成一周内填写完成。

A.15 设计变更审批单

设 计 变 更 审 批 单

工程名称：   编号：

致_____（监理项目部）：

变更事由：

变更费用：

附件：1. 设计变更建议或方案。

　　　2. 设计变更费用计算书。

　　　3. 设计变更联系单（如有）。

设　　总：____（签　字）____

设计单位：____（盖　　章）____

日　　期：___年___月___日

监理单位意见	施工单位意见
 　 　 　 　 　 总监理工程师：（签字并盖项目部章） 日期：___年___月___日	 　 　 　 　 　 项目经理：（签字并盖项目部章） 日期：___年___月___日
业主项目部审核意见 专业审核意见： 项目经理：（签字） 日期：___年___月___日	建设管理部门审批意见 建设（技术）审核意见： 技经审核意见： 部门分管领导：（签字并盖部门章） 日期：___年___月___日

注　1. 编号由监理项目部统一编制，作为审批设计变更的唯一通用表单。

　　2. 一般设计变更执行设计变更审批单，重大设计变更执行重大设计变更审批单。

　　3. 本表一式五份（施工、设计、监理、业主项目部各一份，建设管理单位存档一份）。

A.16 现场签证审批单

现 场 签 证 审 批 单

工程名称：   编号：

致＿＿＿＿＿＿＿＿＿（监理项目部）：	
签证事由：	
签证费用：	
附件：1. 现场签证方案。 　　　2. 签证费用计算书。	
	项目经理：＿＿＿＿＿（签　字） 施工单位：＿＿＿＿＿（盖　章） 日　　期：＿＿＿年＿＿月＿＿日
监理单位意见： 总监理工程师：（签字并盖项目部章） 日期：＿＿＿年＿＿月＿＿日	设计单位意见： 设总：（签字并盖公章） 日期：＿＿＿年＿＿月＿＿日
业主项目部审核意见 专业审核意见： 项目经理：（签字） 日期：＿＿＿年＿＿月＿＿日	建设管理部门审批意见 建设（技术）审核意见： 技经审核意见： 部门分管领导：（签字并盖部门章） 日期：＿＿＿年＿＿月＿＿日

注　1. 编号由监理项目部统一编制，作为审批现场签证的唯一通用表单。

　　2. 一般签证执行现场签证审批单，重大签证执行重大签证审批单。

　　3. 本表一式五份（施工、设计、监理、业主项目部各一份，建设管理单位存档一份）。

A.17 重大设计变更审批单

重大设计变更审批单

工程名称： 　　　　　　　　　　　　　　　　　　　　　　编号：

致＿＿＿＿＿＿＿（监理项目部）：	
变更事由：	
变更费用：	
附件：1. 设计变更建议或方案。	
2. 设计变更费用计算书。	
3. 设计变更联系单（如有）。	
	设　总：＿＿＿（签　字）＿＿
	设计单位：＿＿＿（盖　章）＿＿
	日　期：＿＿年＿＿月＿＿日

监理单位意见	施工单位意见	业主项目部审核意见
		专业审核意见：
总监理工程师：（签字并盖项目部章）	项目经理：（签字并盖项目部章）	项目经理：（签字）
日期：＿＿年＿＿月＿＿日	日期：＿＿年＿＿月＿＿日	日期：＿＿年＿＿月＿＿日

建设管理单位审批意见	项目法人单位基建部审批意见
建设（技术）审核意见：	建设（技术）审核意见：
技经审核意见：	技经审核意见：
部门主管领导：（签字）	
单位分管领导：（签字并盖部门章）	部门分管领导：（签字并盖部门章）
日期：＿＿年＿＿月＿＿日	日期：＿＿年＿＿月＿＿日

注　1. 编号由监理项目部统一编制，作为审批重大设计变更的唯一通用表单。
　　2. 本表一式五份（施工、设计、监理、业主项目部各一份，建设管理单位存档一份）。

A.18　重大签证审批单

重 大 签 证 审 批 单

工程名称：　　　　　　　　　　　　　　　　　　　　　　　　编号：

致＿＿＿＿＿＿＿＿＿（监理项目部）：
签证事由：
签证费用：
附件：1. 现场签证方案。
2. 签证费用计算书。
<div align="right">项目经理：＿＿＿＿（签　字） 施工单位：＿＿＿＿（盖　章） 日　　期：＿＿年＿＿月＿＿日</div>

监理单位意见	设计单位意见：	业主项目部审核意见
		专业审核意见：
总监理工程师：（签字并盖项目部章） 日期：＿＿年＿＿月＿＿日	设总：（签字并盖公章） 日期：＿＿年＿＿月＿＿日	项目经理：（签字） 日期：＿＿年＿＿月＿＿日

建设管理单位审批意见	项目法人单位基建部审批意见
建设（技术）审核意见： 技经审核意见： 部门主管领导：（签字） 单位分管领导：（签字并盖部门章） 日期：＿＿年＿＿月＿＿日	建设（技术）审核意见： 技经审核意见： 部门分管领导：（签字并盖部门章） 日期：＿＿年＿＿月＿＿日

注　1. 编号由监理项目部统一编制，作为审批重大签证的唯一通用表单。

　　2. 本表一式五份（施工、设计、监理、业主项目部各一份，建设管理单位存档一份）。

A.19 设计变更（签证）管控记录表

设计变更（签证）管控记录表

工程名称： 　　　　　　　　　　　　　　　　　　　　　　　　　　　　　　　编号：

设计变更（签证）记录	接到变更（签证）单日期	提出单位	变更（签证）原因说明	涉及费用(元)	监理审核人	设计审核人
	变更（签证）技术内容确认情况： 技术管理专责：_____；日期：_____ 造价管理专责：_____；日期：_____ 业主项目经理：_____；日期：_____					
设计变更（签证）记录	接到变更（签证）单日期	提出单位	变更（签证）原因说明	涉及费用(元)	监理审核人	设计审核人
	变更（签证）技术内容确认情况： 技术管理专责：_____；日期：_____ 造价管理专责：_____；日期：_____ 业主项目经理：_____；日期：_____					
设计变更（签证）记录	接到变更（签证）单日期	提出单位	变更（签证）原因说明	涉及费用(元)	监理审核人	设计审核人
	变更（签证）技术内容确认情况： 技术管理专责：_____；日期：_____ 造价管理专责：_____；日期：_____ 业主项目经理：_____；日期：_____					

注　本表由技术管理专责、造价管理专责、业主项目经理在变更（签证）发生后一周内完成填写。

A.20 中间验收管控记录表

中间验收管控记录表

工作名称：

编号：

工作内容	_____阶段中间验收
工作依据	《±800kV 架空送电线路工程施工质量验收及评定规程》《±800kV 架空送电线路工程施工质量检验及评定规程》《国家电网公司基建质量管理规定》《国家电网公司输变电工程验收管理办法》，经批准的设计文件、施工验收规范及质量评定规程等
参加单位	
接收验收申请	___年___月___日，接到_____监理项目部中间验收申请。 质量管理专责：_____
审核意见	 质量管理专责：_____；日期：_____ 技术管理专责：_____；日期：_____ 业主项目经理：_____；日期：_____
提交中间验收申请	___年___月___日，提交_____监理项目部监理初检报告和中间验收申请至___（建设管理单位）____。 提交人：_____；接收人：_____
参与（或受托组织）中间验收	（参与验收时填写） ___年___月___日～___年___月___日，参与中间验收工作。 参与人：_____
	（受托组织时填写） ___年___月___日～___年___月___日，组织中间验收工作。 组织人：_____；业主项目经理：_____
缺陷整改情况	质量管理专责：_____；日期：_____ 建设协调专责：_____；日期：_____ 技术管理专责：_____；日期：_____ 业主项目经理：_____；日期：_____

注　本表由相关管理专责及业主项目经理根据工作开展情况即时填写。各阶段中间验收时单独填写本表，编号顺延。

五

架线施工标准化作业指导书

目 次

封面样式

×××±×××kV 特高压直流线路工程
××段架线施工标准化作业指导书

编制单位：

编制时间：　　年　　月　　日

审批页样式：

审 批 页

批 准：（建管单位分管领导）＿＿＿＿＿＿＿＿ 年 月 日

审 核：（线路部）＿＿＿＿＿＿＿＿＿＿＿ 年 月 日

＿（安质部）＿＿＿＿＿＿＿＿＿＿＿ 年 月 日

编 写：（业主项目经理）＿＿＿＿＿＿＿＿ 年 月 日

＿（项目职能人员）＿＿＿＿＿＿＿＿ 年 月 日

1 概述

1.1 相关说明

1.1.1 术语和定义

（1）张力架线：在架线全过程中，使被展放的导线保持一定的张力而脱离地面处于架空状态的架设施工方法。

（2）巡视：对正在施工的部位或工序在现场进行定期或不定期的监督检查活动。

1.1.2 适用范围

本作业指导书适用于××±××kV 特高压输电线路工程架线分部工程标准化作业，其他特高压直流线路工程可进行参照。

1.1.3 工作依据

工作依据为现行国标、行标、企标有效版本和工程设计及管理相关文件。主要为：

（1）DL 5009.2—2013 《电力建设安全工作规程 第 2 部分 电力线路》。

（2）DL/T 5285—2013 《输变电工程架空导线及地线液压压接工艺规程》。

（3）DL/T 1079—2007 《输电线路张力架线用防扭钢丝绳》。

（4）DL/T 1109—2009 《输电线路架线用张力机通用技术条件》。

（5）DL/T 371—2010 《架空输电线路放线滑车》。

（6）Q/GDW 260—2009 《±800kV 架空输电线路张力架线施工工艺导则》。

（7）Q/GDW 1225—2014 《±800kV 架空送电线路施工及验收规范》。

（8）Q/GDW 1571—2014 《大截面导线压接工艺导则》。

（9）Q/GDW 1226—2014 《±800kV 架空送电线路施工质量检验及评定规程》。

（10）Q/GDW 10248.1—2016 《输变电工程建设标准强制性条文实施管理规程》。

（11）《1250mm² 大截面导线张力放线主要施工机具技术条件》。

（12）基建质量〔2010〕19 号 关于印发 《国家电网公司输变电工程质量通病防治工作要求及技术措施》的通知。

（13）国家电网安质（2016）212 号 《国家电网公司电力安全工作规程电网建设部分（试行）》。

（14）国网（基建/2）112—2015 《国家电网公司基建质量管理规定》。

（15）国网（基建/2）173—2015 《国家电网公司基建安全管理规定》。

（16）国网（基建/2）174—2015 《国家电网公司基建技术管理规定》。

（17）国网（基建/3）176—2015 《国家电网公司输变电工程施工安全风险识别评估及预控措施管理办法》。

（18）国网（基建/3）186—2015 《国家电网公司输变电工程标准工艺管理办法》。

（19）国网（基建/3）187—2015 《国家电网公司输变电工程安全文明施工标准化管理办法》。

（20）××±×××kV 特高压直流线路工程工程设计文件和图纸。

（21）××±×××kV 特高压直流线路工程电气部分施工图会检纪要。

1.2 工程特点

1.2.1 工程简介

列清标段线路长度；线路路径；起始杆号；塔基数量；耐张、直线塔数量。导地线、光纤参数；标段设计风速、覆冰等气象条件；桩号；交叉跨越情况等及特殊需要说明的内容。

1.2.2 工艺要求

工程设计和施工工艺特殊要求：光缆 T 接、绝缘子倒挂、V 型绝缘子串内外肢型号是否相同、间隔棒安装距离要求、防震锤大小头朝向等及特殊要求。

2 作业流程

包含从作业准备、导地线展放、紧线、附件安装、场地清理、退场等作业环节。具体流程见图 2-1。

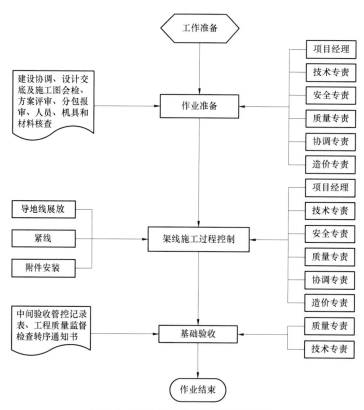

图 2-1 导地线展放施工工艺流程图

3 职责划分

业主项目部各主要管理人员在架线分部工程阶段的主要职责，见表 3-1。

表 3-1　　　　　　　　　　　　业主项目部人员职责划分表

序号	人员类别	职责	备注
1	项目经理	联系、推动、协助、配合相关单位及时开展开工手续办理，督促监理、设计、施工等单位围绕人、机、法、环、料五个方面落实架线工程标准化开工条件，参与架线工程设计交底暨电气施工图会检和特殊架线施工方案专家评审，签署架线分部工程标准化开工各项报审文件，组织对架线施工安全、质量、技术、造价管理工作落实情况进行月度检查、分析和纠偏，适时组织召开专题协调会解决架线工程施工中存在的问题，及时完成现场设计变更、现场签证审核，月度进度款拨付和安措费使用计划审批，确保架线工程安全、规范、有序推进	
2	技术专责	组织设计交底暨电气施工图会检和特殊架线施工方案专家评审，负责架线分部工程标准化开工技术类文件审核，参与架线方案审查，参与工程现场月度巡查，督促施工和监理单位在架线施工过程中严格执行"三通一标"等标准化建设要求，协调解决架线施工过程中出现的技术问题，负责架线分部工程相关科研课题、工法、QC技术攻关的组织、推进、结题，及时反馈报送有关信息，确保施工技术的准确输入	
3	安全专责	负责架线分包计划、分包商资质等架线工程标准化开工安全类文件审核，参与设计交底暨架线施工图会检和特殊架线施工方案专家评审，特殊跨越等四级风险作业到岗到位，组织开展工程现场日常安全巡查，参与工程现场月度检查，督促检查基建安全管理在工程过程中的落实情况，重点关注现场安全文明施工、安全技术方案落实、人员教育培训、施工技术交底、班前会、人员到岗到位、同进同出、持证上岗、作业票使用、施工机具和安全防护用品用具配置及使用、施工用电安全、安措费使用等事项，负责设计、施工、监理项目部架线工程施工安全管理工作考核、评价及项目建设安全信息上报、传递和发布	
4	质量专责	参与设计交底暨架线施工图会检和特殊架线施工方案专家评审，负责架线工程标准化开工质量创优类文件审核，参与架线方案审查，组织开展架线工程质量例行检查、随机抽查活动，督促质量强制性条文、防质量通病和质量创优措施得到有效落实，确保标准工艺得到全面应用；编制竣工预验收办法，督促施工和监理有效开展三级自检和初检，科学组织竣工预验收，起草竣工预验收报告；联系协调质量监督总站并统筹安排做好投运前质量监督检查迎检、整改闭环工作	
5	协调专责	配合业主项目经理组织开展架线施工外部协调及政策处理工作，检查并跟踪开工手续办理情况，推动落实标准化开工条件；督促设计、施工、监理等单位严格执行架线施工进度计划，并每月检查进度计划执行情况，分析进度偏差原因，提出纠偏措施；负责工程月度例会和专题协调会的组织工作，编制会议纪要，审核工程建设月报，印发工程相关单位并跟踪落实；应用基建管理信息系统开展信息管理工作，牵头组织架线分部工程相关信息、数据、数码照片的录入和上传工作；负责业主项目部来往文件的收发、整理、归档工作；根据档案标准化管理要求督促施工、监理等单位及时完成架线施工记录、数码照片、文件资料的收集、整理和组卷工作	
6	造价专责	参与设计交底暨架线施工图会检，负责架线工程进度款拨付、工程量审核，配合完成工程进度款申请、费用划拨等工作；负责架线设计变更和现场签证费用审核，并按规定权限报批；架线工程结束，及时组织设计、施工和监理单位开展工程结算，并形成结算报告	

4　程序与标准

架线施工阶段作业程序、标准、风险及预控措施见表4-1。

表 4-1　　　　　　　　　　　　作业程序与标准管控表

序号	作业程序	责任人	作业标准	作业风险	预控措施
01	作业准备	项目经理、技术专责、安全专责、质量专责、协调专责、造价专责	组织各参建单位高效有序完成架线施工各项准备工作，主要包括电气施工图纸催缴、基础施工建设协调、设计交底及电气施工图会检、架线施工方案专家评审、架线施工分包报审等标准化开工资料审查、施工和监理单位人员、作业机具及材料准备工作情况核查，确保架线施工顺利开展	架线施工准备工作未完成或相关准备不符合要求就开展作业，导致作业无法正常开展、作业延期、工程安全和质量失控	不满足架线施工条件时，立即下发工程暂停令，并报备建设管理单位，同时督促设计、施工或监理单位整改

序号	作业程序	责任人	作业标准	作业风险	预控措施
02	架线施工过程管控	技术专责、安全专责、质量专责、协调专责、造价专责	开展例行检查、专项检查、随机检查、安全质量巡查等活动对现场安全质量技术措施落实、施工单位同进同出、人员到岗到位、安全文明施工情况、强条执行、安全质量通病防治措施、标准工艺应用等方面工作进行监督检查;利用影像资料等手段加强施工安全质量过程控制,对检查中发现的各类问题,下发检查问题整改通知单,要求责任单位整改并填写检查问题整改反馈单,对整改结果进行确认;对四级及以上风险作业到岗到位,确保现场安全施工、质量可控。 定期盘点施工进度,对施工进度进行纠偏,确保施工进度符合施工计划目标,并按照架线施工进度支付施工预付款、进度款、设计费、监理费以及其他费用。 组织开展架线施工工程量管理和资料归档工作,依据电气施工设计图纸、工程设计变更、现场签证及经各方确认的工程联系单等资料核对工程量,并编制完成施工工程量文件,并在架线工程结束后,组织相关单位开展工程结算,并形成结算报告	未开展架线施工过程管控或管控不到位,导致安全、质量问题、施工进度滞后及影响工程结算等后果	落实各级人员职责,按要求开展现场安全质量检查工作,督促现场依据架线施工方案有序规范开展作业。定期跟踪架线施工进度,出现进度滞后情况及时采取纠偏措施。督促各参建单位及时完成各项资料归档工作。对施工过程中发现的问题及时指出,督促整改
03	竣工预验收	技术专责、质量专责	架线工程完工后,按照验收规范的要求组织开展竣工预验收,编制竣工预验收方案。督促完成施工单位三级自检和监理单位初检工作。组织建管单位竣工预验收,起草竣工预验收报告。协调并配合质量监督总站完成投运前质量监督检查	未按程序开展竣工预验收,导致工程质量不满足验收规范要求、档案资料不完整,影响工程投运	召开质量分析会、开展质量专项检查;督促监理单位做好架线施工旁站、质量检查、控制工作;组织开展标准工艺培训;利用影像资料等手段加强施工质量过程控制

5 作业准备

涵盖建设协调、设计交底和电气施工图会检、方案审查、标准化开工审查等四方面的工作。

5.1 建设协调

5.1.1 外部协调

架线工程开工前,做好架线施工用地外部协调、通道清理、跨越协调等工作,重大制约性问题上报建设管理单位及时处理,确保架线工程依法合规建设,力求架线工程按计划如期开工。

5.1.2 内部协调

动态跟踪导、地线,光纤,金具,绝缘子等甲供材料的生产进度和供货情况,及时协调解决物资供货中出现的问题。对于物资供货进度和质量问题按要求填写物资供应管控记录表。

5.2　设计交底及电气施工图会检

5.2.1　设计交底

架线工程开工前，督促设计单位编制设计交底课件，并组织召开设计交底会，由设计向监理、施工、物资、运行等单位就设计思路、原则、工艺要求等进行逐一交底，同时签发设计交底会议纪要，填写设计交底管控记录表，确保设计意图在施工过程中得到有效落实。

5.2.2　施工图会检

架线工程开工前，及时督促监理、施工、物资、运行等单位开展电气施工图内审，各单位内审发现的问题或疑问由监理汇总并反馈设计，同时组织开展电气施工图会检，听取各单位施工图审查情况汇报，并就相关问题予以澄清和答疑，明确架线施工工艺标准和要求，签发电气施工图会检会议纪要，填写施工图会检管控记录表。

5.3　方案审查

5.3.1　内部审查

架线前，针对架线施工方案、区段架线方案、普通跨越施工作业，督促施工单位组织各职能部门对方案进行内部审查，并形成施工单位方案内部审查意见并报监理审批。

5.3.2　专家评审

针对大跨越、带电跨越输电线路、跨越电气化铁路、高速公路等危险性较大特殊架线施工作业，组织开展特殊架线施工方案专家评审，并形成特殊施工技术方案审查管控记录表，确保架线施工方案的科学性、适宜性和可操作性。

5.4　标准化开工审查

5.4.1　资料审查

架线施工前，检查并跟踪工程中间验收情况，组织对施工单位和监理单位上报的开工报审表、架线分包计划、分包商资质、分包人员信息、特殊架线施工方案、架线施工进度、工器具报审等标准化开工资料进行审查，落实标准化开工条件，填写标准化开工审查管控记录表和工程开工报审管控记录表，确保工程标准化开工。

5.4.2　现场核查

组织对施工和监理单位进入现场的人员、机具、物资、车辆等资源投入情况进行核查，确保现场各类资源投入与施工组织设计、监理规划、架线施工作业指导书等管理和技术文件相匹配，且满足现场进度、安全、质量管控要求。

6　作业过程管控

架线分部工程作业过程管控主要涉及安全、质量、进度、合同与技经四个方面的相关工作。

6.1　安全管控

架线分部工程安全管控包括风险管理、安全文明施工、应急管理等三个方面的工作。

6.1.1　安全风险管理

执行《国家电网公司输变电工程施工安全风险识别评估及预控措施管理办法》，组织参建项目部落实架线施工安全风险管理要求。

（1）工程开工前，组织项目设计单位对施工、监理项目进行架线施工作业风险交底，以及风险作业初勘工作。

（2）组织施工单位编制架线分部工程《三级及以上施工安全固有风险识别、评估和预控清册》，并审批通过计算列入三级及以上风险作业的动态结果。

（3）执行"输变电工程三级及以上施工安全风险管理人员到岗到位要求"，针对跨越铁路、跨越高速公路、跨越通航河流、跨越 110kV 以上带电线路等四级风险作业和跨越110kV 以下带电线路、跨越国道、跨越架搭设及平衡挂线等三级风险作业，切实履行主要管理人员到岗到位。

（4）根据工程实际情况，通过开展例行检查、专项检查、随机检查、安全巡查和隐患排查等活动对现场安全技术措施落实、施工单位同进同出、人员到岗到位、安全文明施工情况、安全强条执行等方面工作进行监督检查，并对四级及以上风险作业现场到岗到位及输变电工程安全施工作业票（B 票）进行签字确认。

（5）通过基建管理信息系统，按时上报预判和正在监控的重大风险作业动态信息。

（6）出现五级风险作业工序时，组织专家论证施工单位编制的专项施工方案（含安全技术措施），通过采取技术措施等方式将风险等级降至四级及以下时方可作业。

6.1.2 安全文明施工

落实上级有关架线分部工程安全文明施工标准及要求，负责工程项目安全文明施工的组织、策划和监督实施工作，确保现场安全文明施工。

（1）核查架线施工现场安全文明施工开工条件，对施工、监理单位相关人员的安全资格进行审查。

（2）审批施工单位编制的安全文明施工标准化设施报审计划和安全文明施工费使用计划，组织对进场的安全文明施工标准化设施进行验收。

（3）督促施工单位根据工程现场具体实情和安全文明施工"六化"布置要求，明确现场张牵场布置、各区域划分、进场道路、迹地恢复等事项。

（4）架线施工过程中，通过专项整治、隐患曝光、奖励处罚等手段，检查施工、监理单位现场安全文明施工管理情况，填写安全文明施工奖励记录和安全文明施工处罚记录。

（5）按照要求在基建管理信息系统中填报和审批项目安全文明施工管理相关内容。

（6）检查环保、水保措施落实情况，并按照档案管理要求，组织施工、监理单位收集、归档基础施工过程中的安全及环境等方面相关资料和数码照片。

6.1.3 应急管理

牵头成立工程应急领导小组和现场应急处置组织机构，编制应急预案，督促施工、监理单位在张牵场设置应急救援路线、公布应急相关人员和单位联系方式。

架线工程开工前，编制架线分部工程应急演练方案，组织开展触电、火灾、窒息、溺水、坠落、机械事故、交通事故等有针对性的应急救援知识培训和应急演练，形成应急演练记录，并对应急演练情况进行总结和评估。

日常工作中，对经费保障、医疗保障、交通运输保障、物资保障、治安保障和后勤保障等措施的落实情况进行检查。

（1）出现紧急情况后，立即启动现场应急预案，组织救援工作，同时上报建设管理单位应急管理机构。

（2）按照要求在基建管理信息系统中填报和审批项目安全应急管理相关内容。

6.2　质量管控

架线分部工程质量管控包括材料质量管理、强制性条文执行、标准工艺应用、质量通病防治、成品保护、导地线压接质量控制等方面的工作。

6.2.1　材料质量管理

参与导地线、光纤、金具、绝缘子等甲供材料开箱检查，对开箱检查中发现的问题及时协调物资部门及厂家进行处理，保证材料质量满足设计施工要求。

6.2.2　强制性条文执行

（1）督促设计、施工单位编制《输变电工程设计强制性条文执行计划》和《输变电工程施工强制性条文执行计划》。

（2）督促监理单位每月对设计和施工单位的强条执行情况进行检查。

（3）定期对施工现场导地线连接、导线切割、压接质量进行检查。

6.2.3　标准工艺应用

明确工程标准工艺应用目标和要求，组织施工单位编制架线分部工程标准工艺应用计划，在各施工现场设置标准工艺应用展示牌，同时每月组织对架线施工现场标准工艺应用情况进行专项检查，推动架线标准工艺在现场得到100%的应用。

6.2.4　质量通病防治

（1）签发质量通病防治任务书。

（2）督促各参建单位制定质量通病防治措施。

（3）督促检查质量通病防治措施在施工现场的落实情况。

6.2.5　成品保护

督促施工单位切实加强成品保护，主要措施如下：

（1）起吊放线滑车，钢丝绳与塔材连接处必须衬垫方木或枕木。

（2）加强对放线工器具的检查维修工作，应保证：

1）放线滑车转动灵活，无缺损。槽型符合标准要求。

2）接地滑车弹力适中，槽型与导线配合。

3）压接管保护套结构合理，安装牢固。

4）旋转连接器强度可靠，轴承完好，转动灵活。

（3）所有的导线临锚钢丝绳可能与导线接触的部位都应套上胶管，防止磨损导线。

（4）为减少鞭击带来的危害，应尽量缩短放线—紧线—附件各施工工序的时间间隔，减少导线在滑车中停留时间。张力放线临锚时，将各子导线作不等高排列，临锚张力应考虑导线防振要求。

6.2.6　导、地线压接质量控制

督促施工单位编制液压作业指导书、对压接人员进行培训并持证上岗，制作压接试件并送检。

（1）督促监理单位落实压接试件见证取样、送检工作，压接过程中旁站并留下准确数据及影像资料。

（2）定期到现场检查压接质量。

6.3 进度管控

架线分部工程进度管控包括进度计划编审、进度过程控制、进度计划调整等三个方面的工作。

6.3.1 进度计划的编审

（1）督促各参建单位根据工程一级网络进度计划编制二级网络进度计划（重点关注架线分部工程），经监理项目部审核，由业主项目部审定后执行。

（2）国家电网公司物资部及国网物资公司落实特高压直流线路工程物资供应计划，业主项目部以一级网络计划为基础协调落实架线分部工程的施工图交付计划。

（3）里程碑进度计划指导一级网络进度计划，一级网络进度计划指导二级网络进度计划，下级网络计划必须确保上级网络计划的有效实施。

6.3.2 进度过程控制

充分发挥业主项目部中间协调作用，切实做好图纸供应、物资供货、监理和施工投入、作业用地等各方面的协调与对接工作，切实确保施工进度受控。

（1）督促设计单位根据一级网络进度计划及时完成施工图的交付工作。

（2）督促物资单位根据一级网络进度计划及时完成甲供材料（地脚螺栓、插入式角钢）的供应工作。

（3）督促施工单位综合考虑工程内外部环境、气候以及可能导致施工受阻等因素，合理调配和投入施工资源，科学组织施工。

（4）督促监理单位派驻履职资格和能力胜任的监理人员进驻现场开展监理工作，并收集上报基础施工进度相关信息。

（5）每周对施工进度执行情况进行盘点，如实际进度滞后于计划进度，及时发布进度预警，并督促相关单位采取措施，及时修正进度。

（6）密切关注各参建单位的资源投入，确保施工力量满足现场需求。

6.3.3 进度计划调整

（1）当工程实际进度滞后并采取有效措施纠偏但仍无法满足架线进度里程碑计划时，业主项目部应及时向建设管理单位提出调整计划，经建设管理单位审查批准后执行。

（2）根据工程总体部署和安排，建设管理单位对一级网络进度计划进行调整，业主项目部组织二级网络计划的调整，并按照程序完成审批。

6.4 合同与技经管控

架线分部工程合同与技经管控包括工程量的审核、进度款申报与拨付、设计变更与签证、工程结算等四个方面的工作。

6.4.1 工程量审核

（1）组织设计、施工和监理单位依据电气施工设计图纸、工程设计变更及经各方确认的工程联系单等资料核对工程量,并编制完成施工工程量文件。

(2)组织开展架线施工工程量管理和资料归档工作。

6.4.2 进度款管理

(1)审核及确认架线施工预付款、进度款、设计费、监理费以及其他费用支付申请,并向建设管理单位提出支付意见。

(2)在基建管理信息系统中向建设管理单位提交复核后的架线施工预付款、进度款支付申请。

(3)填写进度款审核管控记录表。

6.4.3 设计变更与签证

(1)审核架线施工设计变更(签证),依据《国家电网公司输变电工程设计变更与现场签证管理办法》,按审批权限分级审批。

(2)完成架线施工设计变更(签证)相关审批后,在基建管理信息系统中录入变更(签证)结果及其他相关内容。

(3)监督、检查监理单位及时审核有关造价部分的架线施工变更(签证)资料。

(4)填写设计变更(签证)管控记录表上造价管理的内容。

6.4.4 结算管理

(1)架线工程结束后,组织设计、施工和监理单位开展工程结算,并形成结算报告。

(2)配合开展施工结算督察、检查管理工作。

7 竣工验收

竣工验收包括三级验收、监理初检、竣工预验收、质量监督检查等四个方面的工作。

7.1 三级自检

督促施工单位编制三级自检办法,并按照施工班组自检100%、施工项目部复检100%、施工单位公司级专检30%的抽查比例有序开展并完成施工三级自检,同时形成三级自检验收报告并上报监理单位。

7.2 监理初检

督促监理编制监理初检办法,在三级自检完成的基础上,按照初检量不少于报验总数的30%(按线档或长度计)开展监理初检工作,并出具监理初检验收报告,督促施工单位对相关初检相关问题及时整改闭环。

7.3 竣工预验收

业主项目部编制竣工预验收方案,并按方案组织设计、施工、监理、运行、物资等单位开展竣工预验收,并出具竣工预验收报告,督促施工单位对相关初检相关问题及时整改闭环。

7.4 质量监督检查

在竣工预验收完成并具备质量监督检查的基础上,向质量监督总站提交检查申请,并配合质量监督总站开展质量监督检查活动,责成相关单位及时整改闭环发现的问题。

8 管控记录

架线分部工程作业过程中，应形成如表 8-1 所示记录，表格样式见附录 A。

表 8-1 架线分部工程标准化作业管控记录表

序号	记 录 名 称	份数	保存单位
1	物资供应管控记录表	1	建设管理单位
2	设计交底管控记录表	1	建设管理单位
3	施工图会检管控记录表	1	建设管理单位
4	特殊施工技术方案审查管控记录表	1	建设管理单位
5	工程开工报审管控记录表	1	建设管理单位
6	输变电工程安全施工作业票（B 票）	1	建设管理单位
7	安全文明施工奖励记录	1	建设管理单位
8	安全文明施工处罚记录	1	建设管理单位
9	安全检查问题整改通知单	1	建设管理单位
10	安全检查问题整改反馈单	1	建设管理单位
11	工程安全检查管控记录表	1	建设管理单位
12	质量检查问题整改通知单	1	建设管理单位
13	工程质量检查管控记录表	1	建设管理单位
14	质量检查问题整改反馈单	1	建设管理单位
15	进度款审核管控记录表	1	建设管理单位
16	设计变更审批单	1	建设管理单位
17	现场签证审批单	1	建设管理单位
18	重大设计变更审批单	1	建设管理单位
19	重大签证审批单	1	建设管理单位
20	设计变更（签证）管控记录表	1	建设管理单位
21	中间验收管控记录表	1	建设管理单位

9 考核

9.1 作业过程指标

9.1.1 安全目标

不发生六级及以上人身事件；不发生因工程建设引起的六级及以上电网及设备事件；不发生六级及以上施工机械设备事件；不发生火灾事故；不发生环境污染事件；不发生负主要责任的一般交通事故；不发生基建信息安全事件；不发生对公司造成影响的安全稳定事件。

9.1.2　质量目标

输变电工程"标准工艺"应用率 100%；工程"零缺陷"投运；实现工程达标投产及国家电网公司优质工程目标；创中国电力优质工程，创国家级优质工程金奖；工程使用寿命满足公司质量要求；不发生因工程建设原因造成的六级及以上工程质量事件。

9.1.3　进度目标

确保架线分部工程开、竣工时间和里程碑进度计划按时完成。落实架线分部工程计划开工时间，完成时间节点。

9.2　作业结果指标

根据国家电网公司对有关业主、设计、监理、施工、物资等相关单位的考核办法进行。

9.2.1　业主项目部评价

对业主项目部的综合评价主要包括业主项目部标准化建设、重点工作开展情况、工作成效三个方面，具体评价内容及评价标准参见业主项目部综合评价表。

9.2.2　设计单位评价

按照《国家电网公司输变电工程设计质量管理办法》相关规定，业主项目部配合建设管理单位完成对设计单位的施工图设计、设计变更、现场服务和竣工图设计四个部分的质量评价，具体评价指标及评价标准依据《国家电网公司输变电工程设计质量管理办法》。

9.2.3　监理项目部评价

业主项目部对监理项目部的综合评价主要包括项目部组建及资源配置、项目管理、安全管理、质量管理、造价管理与技术管理六个方面，具体评价内容及评价标准参见监理项目部综合评价表。

9.2.4　施工项目部评价

业主项目部对施工项目部的综合评价主要包括项目部组建及管理人员履职、项目管理、安全管理、质量管理、造价管理与技术管理六个方面，具体评价内容及评价标准参见施工项目部综合评价表。

9.2.5　物资管理部门考核

在项目实施过程中，业主项目部配合建设管理单位物资管理部门对物资供应商在产品设计、生产制造、发货运输、交货验收、安装调试、售后服务等方面的履约行为进行全过程评价。

附录A 管控记录样表

A.1 物资供应管控记录表

物资供应管控记录表

工程名称：

工作依据	建设管理纲要、经批准的物资供应计划、物资供应合同
物资供应存在问题及采取的措施	技术管理专责：_____；日期：_____ 物资协调联系人：_____；日期：_____
物资供应存在问题及采取的措施	技术管理专责：_____；日期：_____ 物资协调联系人：_____；日期：_____
物资供应存在问题及采取的措施	技术管理专责：_____；日期：_____ 物资协调联系人：_____；日期：_____
物资供应情况评价	技术管理专责：_____；日期：_____ 建设协调专责：_____；日期：_____ 业主项目经理：_____；日期：_____

注 本表由技术管理专责、物资协调联系人对物资供应质量及时间等存在问题进行填写，技术管理专责、建设协调专责、业主项目经理在物资供应情况结束后对物资供应情况进行总体评价。

A.2　设计交底管控记录表

设计交底管控记录表

工程名称：　　　　　　　　　　　　　　　　　　　　　　　　　编号：

会议名称	＿＿＿＿＿＿＿＿＿＿＿＿＿＿设计交底会			
会议日期及地点	会议日期：＿＿＿＿＿＿　会议地点：＿＿＿＿＿＿			
参会单位				
交底主要内容				
会议纪要情况	起草：＿＿＿＿＿＿　日期：＿＿＿＿＿＿ 本纪要于＿＿＿年＿＿月＿＿日经＿＿＿＿＿＿签发			
纪要发放记录	接收部门（单位）	接收人	发放人	日期
	⋮			

注　本表由技术管理专责在设计交底会后根据会议情况，在完成会议纪要编写、签发、发放等工作时即时填写。每次会议单独填写本表，编号顺延（设计交底纪要由设计院编发，本表仅作为记录管控用）。

A.3 施工图会检管控记录表

施工图会检管控记录表

工程名称：　　　　　　　　　　　　　　　　　　　　　　　　　编号：

会议名称	＿＿＿＿＿＿＿＿＿＿＿＿＿＿＿施工图会检会			
会议日期及地点	会议日期：＿＿＿＿＿＿＿＿会议地点：＿＿＿＿＿＿＿			
参会单位				
会议确定主要事项				
会议纪要情况	起草：＿＿＿＿＿＿＿＿日期：＿＿＿＿＿＿＿＿ 本纪要于＿＿＿＿＿年＿＿月＿＿日经＿＿＿＿＿＿＿＿＿签发			
纪要发放记录	接收部门（单位）	接收人	发放人	日期
	⋮			
会议事项落实情况	技术管理专责：＿＿＿＿＿＿；日期：＿＿＿＿＿＿ 质量管理专责：＿＿＿＿＿＿；日期：＿＿＿＿＿＿ 业主项目经理：＿＿＿＿＿＿；日期：＿＿＿＿＿＿			

注　本表由技术管理专责在施工图会检会后根据会议情况，在完成会议纪要编写、签发、发放等工作时即时填写，技术管理专责、质量管理专责、业主项目经理共同对会议落实事项进行监督落实，按规定期限完成。每次会议单独填写本表，编号顺延。

A.4 特殊施工技术方案审查管控记录表

特殊施工技术方案审查管控记录表

工程名称： 　　　　　　　　　　　　　　　　　　　　　　　　　　　　编号：

文件名称	
接收时间	于＿＿＿年＿＿月＿＿日接到＿＿＿＿＿＿＿＿＿＿＿＿＿＿＿＿＿＿＿＿＿施工项目部的报审文件。 接收人：＿＿＿＿＿＿＿＿＿＿＿＿＿＿＿＿＿
审核依据	《国家电网公司基建安全管理规定》《电力建设工程施工技术导则》《电气装置安装工程质量检验及评定规程（电气工程）》《±800kV 架空送电线路工程施工质量验收及评定规程》《±800kV 架空送电线路工程施工质量检验及评定规程》，其他经批准的设计文件、相关施工及验收规范、标准工艺等
审核要点	文件的内容是否完整，制定的施工工艺流程是否合理，施工方法是否得当，是否先进，是否有利于保证工程质量、安全、进度；安全危险点分析或危险源辨识、环境因素识别是否准确、全面，应对措施是否有效；质量保证措施是否有效，针对性是否强，是否落实了工程创优措施
审核意见及过程监督	技术管理专责：＿＿＿＿＿＿；日期：＿＿＿＿＿＿ 安全管理专责：＿＿＿＿＿＿；日期：＿＿＿＿＿＿ 业主项目经理：＿＿＿＿＿＿；日期：＿＿＿＿＿＿

注 本表由相关管理专责、业主项目经理根据工作开展情况即时填写。每个方案单独填写本表，编号顺延。

A.5 工程开工报审管控记录表

工程开工报审管控记录表

工程名称： 编号：

文件名称	_____开工报审表
接收日期	于____年____月____日接到_____施工项目部的报审文件。 接收人： _____
审核依据	《建设工程项目管理规范》《国家电网公司基建管理通则》《国家电网公司基建项目管理规定》《国家电网公司输变电工程进度计划管理办法》《国家电网公司业主项目部标准化管理手册》《国家电网公司监理项目部标准化管理手册》《国家电网公司施工项目部标准化管理手册》，本工程建设管理纲要、设计合同、施工合同、监理合同，其他相关规程规范及经批准的设计文件等
审核意见	 建设协调专责： _____ ；日期： _____
批准	业主项目经理： _____ ；日期： _____

注 本表由建设协调专责、业主项目经理在收到文件、出具审核意见及批准时分别填写，在接到报审文件两周内完成。

A.6　输变电工程安全施工作业票（B 票）

编号：

工程名称			
施工班组（队）		作业地点	
作业内容及部位		开工时间	
施工人数		风险等级	

主要风险：

工作分工：

作业前检查		
	是	否
施工人员着装是否规范、精神状态是否良好	□	□
施工安全防护用品（包括个人）、用具是否齐全和完好	□	□
现场所使用的工器具是否完好且符合技术安全措施要求	□	□
是否按平面布置图要求进行施工作业现场布置	□	□
是否编制技术安全措施	□	□
施工人员是否参加过本工程技术安全措施交底	□	□
施工人员对工作分工是否清楚	□	□
各工作岗位人员对存在的风险点、风险源是否明白	□	□
预控措施是否明白	□	□

参加作业人员签名：

备注：

工作负责人		审核人（安全、技术）	
安全监护人		签发人（施工项目部经理）	
签发日期			
监理人员（三级及以上风险）		业主项目部经理（四级及以上风险）	

A.7 安全文明施工奖励记录

序号	日期	奖励事由	金额	受奖励单位	受奖励单位项目负责人签字	业主项目经理签字

注 本表由业主项目部安全专责填写。

A.8 安全文明施工处罚记录

序号	日期	处罚事由	金额	受处罚单位	受处罚单位项目负责人签字	业主项目经理签字

注 本表由业主项目部安全专责填写。

A.9 安全检查问题整改通知单

工程名称				检查编号	
检查类型				检查日期	
问题编号	问题描述	问题归类	严重级别	整改责任单位	整改期限
1					
2					
3					
⋮					
检查组长					
检查成员					

注　1. 本检查表由业主项目部安全专责填写，适用业主项目部各类安全检查，其中检查类型、问题归类、严重级别等信息应按提供的格式填写，便于分类分析，若今后要求在基建管理信息系统中填报，则依据最新要求填报。

2. 检查类型：选择填写"日检查、周检查、月度检查、随机抽查、专项检查、春秋季大检查、优质工程检查"等内容，没有的类型可不填写。

3. 问题归类：安全管理问题选择填写"业主项目部安全管理、监理项目部安全管理、施工项目部安全管理"类别，线路工程现场问题选择填写"现场安全文明施工管理、施工用电、材料管理、起重机械、工器具、基础工程、杆塔工程、跨越架、架线工程、其他"类别。

4. 严重级别：选择填写"重大隐患、一般隐患、一般问题"。问题严重级别由业主项目部根据有关规定进行判别，其中重大隐患是指可能造成人身死亡事故、重大及以上电网和设备事故的隐患，一般隐患是指可能造成人身重伤事故、一般电网和设备事故的隐患，非重大隐患和一般隐患的列为一般问题。

A.10 安全检查问题整改反馈单

工程名称				整改单位	
按照业主项目部下发的安全检查问题整改通知单（编号：　　　）所提问题，我们认真进行了整改，整改情况如下：					
问题编号	问题描述	要求整改期限	整改结果	整改完成时间	责任人
1					
2					
3					
⋮					
监理项目部复查意见：					
复查人（或委托人）签字				复查日期	
业主项目部复查意见：					
复查人（或委托人）签字				复查日期	

注　1. 若需施工单位完成的整改问题，则监理项目部对其整改结果进行复核，复核通过后，业主项目部对复核结果进行二次复核。

　　2. 若需监理单位完成的整改问题，则通过业主项目部进行复核，监理项目部在"监理项目部复查意见"一栏可不填写。

　　3. 若今后要求在基建管理信息系统中填报，则依据最新要求填报。

A.11 工程安全检查管控记录表

工程安全检查管控记录表

工程名称：   编号：

检查类型						
安全检查	_____年___月___日，业主项目部组织施工、监理等单位进行_____安全检查，形成检查整改通知单下发各有关单位。 安全管理专责：_____					
整改通知单发放记录及整改情况	接收部门/单位	接收人	发放人	时间	是否完成整改	检查人
⋮						
整改执行情况	安全管理专责：_____；日期：_____ 业主项目经理：_____；日期：_____					

注 本表由安全管理专责、业主项目经理根据安全检查情况即时填写，每次检查单独填写本表，编号顺延。

A.12 质量检查问题整改通知单

工程名称		检查编号	
检查类型		检查日期	
问题编号	问题描述	整改责任单位	整改期限
1			
2			
3			
⋮			
检查组长			
检查成员			

注　1. 本检查表由业主项目部质量专责编写，适用业主项目部各类质量检查。

　　2. 检查类型：选择填写"日检查、周检查、月度检查、随机抽查、专项检查、优质工程检查"等内容，没有的类型可不填写。

　　3. 若今后要求在基建管理信息系统中填报，则依据最新要求填报。

A.13 工程质量检查管控记录表

工程质量检查管控记录表

工程名称: 编号:

检查类型						
质量检查	_____年___月___日,业主项目部组织施工、监理等单位进行_____质量检查,形成检查整改通知单下发各有关单位。 质量管理专责:_____					
整改通知单发放记录及整改情况	接收部门/单位	接收人	发放人	时间	是否完成整改	检查人
	⋮					
整改执行情况	质量管理专责: _____; 日期: _____ 业主项目经理: _____; 日期: _____					

注 本表由质量管理专责、业主项目经理根据质量检查情况即时填写,每次检查单独填写本表,编号顺延。

A.14 质量检查问题整改反馈单

工程名称					整改单位	

按照业主项目部下发的质量检查问题整改通知单（编号：　　　）所提问题，我们认真进行了整改，整改情况如下：

问题编号	问题描述	要求整改期限	整改结果	整改完成时间	责任人
1					
2					
3					
⋮					

监理项目部复查意见：

复查人（或委托人）签字			复查日期	

业主项目部复查意见：

复查人（或委托人）签字			复查日期	

注　1. 若需施工单位完成的整改问题，则监理项目部对其整改结果进行复核，复核通过后，业主项目部对复核结果进行
　　　二次复核。

　　2. 若需监理单位完成的整改问题，则通过业主项目部进行复核，监理项目部在"监理项目部复查意见"一栏可不填写。

　　3. 若今后要求在基建管理信息系统中填报，则依据最新要求填报。

A.15　进度款审核管控记录表

进度款审核管控记录表

工程名称：　　　　　　　　　　　　　　　　　　　　　　　　编号：

	接到进度款支付申请单日期	提出单位	工程量完成情况	进度款额度（元）	监理审核人
进度款审核记录					
	工程量完成与合同条款审核情况： 造价管理专责：＿＿＿＿＿＿＿；日期：＿＿＿＿＿＿ 业主项目经理：＿＿＿＿＿＿＿；日期：＿＿＿＿＿＿				
	接到进度款支付申请单日期	提出单位	工程量完成情况	进度款额度（元）	监理审核人
进度款审核记录					
	工程量完成与合同条款审核情况： 造价管理专责：＿＿＿＿＿＿＿；日期：＿＿＿＿＿＿ 业主项目经理：＿＿＿＿＿＿＿；日期：＿＿＿＿＿＿				
	接到进度款支付申请单日期	提出单位	工程量完成情况	进度款额度（元）	监理审核人
进度款审核记录					
	工程量完成与合同条款审核情况： 造价管理专责：＿＿＿＿＿＿＿；日期：＿＿＿＿＿＿ 业主项目经理：＿＿＿＿＿＿＿；日期：＿＿＿＿＿＿				

注　本表由造价管理、业主项目经理在进度款审核完成一周内填写完成。

A.16 设计变更审批单

设 计 变 更 审 批 单

工程名称：   编号：

致＿＿＿＿＿＿＿＿＿＿（监理项目部）：		
变更事由：		
变更费用：		
附件：1. 设计变更建议或方案。 　　　2. 设计变更费用计算书。 　　　3. 设计变更联系单（如有）。 　　　……		
<div style="text-align:right">设　　总：＿＿＿（签　字）＿＿＿ 设计单位：＿＿＿（盖　　章）＿＿＿ 日　　期：＿＿＿年＿＿＿月＿＿＿日</div>		
监理单位意见 总监理工程师：（签字并盖项目部章） 日期：＿＿＿年＿＿＿月＿＿＿日		施工单位意见 项目经理：（签字并盖项目部章） 日期：＿＿＿年＿＿＿月＿＿＿日
业主项目部审核意见 专业审核意见： 项目经理：（签字） 日期：＿＿＿年＿＿＿月＿＿＿日		建设管理部门审批意见 建设（技术）审核意见： 技经审核意见： 部门分管领导：（签字并盖部门章） 日期：＿＿＿年＿＿＿月＿＿＿日

注　1. 编号由监理项目部统一编制，作为审批设计变更的唯一通用表单。

　　2. 一般设计变更执行设计变更审批单，重大设计变更执行重大设计变更审批单。

　　3. 本表一式五份（施工、设计、监理、业主项目部各一份，建设管理单位存档一份）。

A.17 现场签证审批单

现 场 签 证 审 批 单

工程名称：　　　　　　　　　　　　　　　　　　　　　　　　　　编号：

致＿＿＿＿＿＿＿（监理项目部）： 签证事由： 签证费用： 附件：1. 现场签证方案。 　　　2. 签证费用计算书。 项目经理：＿＿＿（签　字）＿＿ 施工单位：＿＿＿（盖　章）＿＿ 日　期：＿＿年＿＿月＿＿日	
监理单位意见： 总监理工程师：（签字并盖项目部章） 日期：＿＿年＿＿月＿＿日	设计单位意见： 设总：（签字并盖公章） 日期：＿＿年＿＿月＿＿日
业主项目部审核意见 专业审核意见： 项目经理：（签字） 日期：＿＿年＿＿月＿＿日	建设管理部门审批意见 建设（技术）审核意见： 技经审核意见： 部门分管领导：（签字并盖部门章） 日期：＿＿年＿＿月＿＿日

注　1. 编号由监理项目部统一编制，作为审批现场签证的唯一通用表单。

　　2. 一般签证执行现场签证审批单，重大签证执行重大签证审批单。

　　3. 本表一式五份（施工、设计、监理、业主项目部各一份，建设管理单位存档一份）。

A.18 重大设计变更审批单

重大设计变更审批单

工程名称：   编号：

致_____（监理项目部）：		
变更事由：		
变更费用：		
附件：1. 设计变更建议或方案。		
2. 设计变更费用计算书。		
3. 设计变更联系单（如有）。		
<div align="right">设　总：____（签　字） 设计单位：____（盖　章） 日　期：___年___月___日</div>		
监理单位意见 总监理工程师：(签字并盖项目部章) 日期：___年___月___日	施工单位意见 项目经理：(签字并盖项目部章) 日期：___年___月___日	业主项目部审核意见 专业审核意见： 项目经理：(签字) 日期：___年___月___日
建设管理单位审批意见 建设（技术）审核意见： 技经审核意见： 部门主管领导：(签字) 单位分管领导：(签字并盖部门章) 日期：___年___月___日	项目法人单位基建部审批意见 建设（技术）审核意见： 技经审核意见： 部门分管领导：(签字并盖部门章) 日期：___年___月___日	

    注　1. 编号由监理项目部统一编制，作为审批重大设计变更的唯一通用表单。

         2. 本表一式五份（施工、设计、监理、业主项目部各一份，建设管理单位存档一份）。

A.19 重大签证审批单

重 大 签 证 审 批 单

工程名称：   编号：

致_____（监理项目部）： 签证事由： 签证费用： 附件：1. 现场签证方案。 　　　2. 签证费用计算书。 　　　　　　　　　　　　　　　　项目经理：____（签　字） 　　　　　　　　　　　　　　　　施工单位：____（盖　章） 　　　　　　　　　　　　　　　　日　　期：___年___月___日		
监理单位意见 总监理工程师：(签字并盖项目部章) 日期：___年___月___日	设计单位意见： 设总：（签字并盖公章） 日期：___年___月___日	业主项目部审核意见 专业审核意见： 项目经理：（签字） 日期：___年___月___日
建设管理单位审批意见 建设（技术）审核意见： 技经审核意见： 部门主管领导：（签字） 单位分管领导：（签字并盖部门章） 日期：___年___月___日		项目法人单位基建部审批意见 建设（技术）审核意见： 技经审核意见： 部门分管领导：（签字并盖部门章） 日期：___年___月___日

注　1. 编号由监理项目部统一编制，作为审批重大签证的唯一通用表单。

　　2. 本表一式五份（施工、设计、监理、业主项目部各一份，建设管理单位存档一份）。

A.20 设计变更（签证）管控记录表

设计变更（签证）管控记录表

工程名称：　　　　　　　　　　　　　　　　　　　　　　　　　　　　　　编号：

设计变更（签证）记录	接到变更（签证）单日期	提出单位	变更（签证）原因说明	涉及费用(元)	监理审核人	设计审核人
	变更（签证）技术内容确认情况： 技术管理专责：_____；日期：_____ 造价管理专责：_____；日期：_____ 业主项目经理：_____；日期：_____					
设计变更（签证）记录	接到变更（签证）单日期	提出单位	变更（签证）原因说明	涉及费用(元)	监理审核人	设计审核人
	变更（签证）技术内容确认情况： 技术管理专责：_____；日期：_____ 造价管理专责：_____；日期：_____ 业主项目经理：_____；日期：_____					
设计变更（签证）记录	接到变更（签证）单日期	提出单位	变更（签证）原因说明	涉及费用(元)	监理审核人	设计审核人
	变更（签证）技术内容确认情况： 技术管理专责：_____；日期：_____ 造价管理专责：_____；日期：_____ 业主项目经理：_____；日期：_____					

注　本表由技术管理专责、造价管理专责、业主项目经理在变更（签证）发生后一周内完成填写。

A.21　中间验收管控记录表

中间验收管控记录表

工程名称：　　　　　　　　　　　　　　　　　　　　　　　　　　　　编号：

工作内容	_____阶段中间验收
工作依据	《±800kV架空送电线路工程施工质量验收及评定规程》《±800kV架空送电线路工程施工质量检验及评定规程》《电气装置安装工程质量检验及评定规程（电气工程）》《国家电网公司基建质量管理规定》《国家电网公司输变电工程验收管理办法》，经批准的设计文件、施工验收规范及质量评定规程等
参加单位	
接收验收申请	____年____月____日，接到_____监理项目部中间验收申请。 质量管理专责：_____
审核意见	质量管理专责：_____；日期：_____ 技术管理专责：_____；日期：_____ 业主项目经理：_____；日期：_____
提交中间验收申请	____年____月____日，提交_____监理项目部监理初检报告和中间验收申请至____（建设管理单位）____。 提交人：_____；接收人：_____
参与（或受托组织）中间验收	（参与验收时填写） ____年____月____日～____年____月____日，参与中间验收工作。 参与人：_____ （受托组织时填写） ____年____月____日～____年____月____日，组织中间验收工作。 组织人：_____；业主项目经理：_____
缺陷整改情况	质量管理专责：_____；日期：_____ 建设协调专责：_____；日期：_____ 技术管理专责：_____；日期：_____ 业主项目经理：_____；日期：_____

注　本表由相关管理专责及业主项目经理根据工作开展情况即时填写。各阶段中间验收时单独填写本表，编号顺延。

六

线路防护施工标准化作业指导书

目　次

封面样式

×××±×××kV 特高压直流线路工程
线路防护施工标准化作业指导书

编制单位：

编制时间：　　年　　月　　日

审批页样式

审 批 页

批　　准：<u>（建管单位分管领导）　　</u>　年　月　日

审　　核：<u>（线路部）　　　　　　</u>　年　月　日

　　　　　<u>（安质部）　　　　　　</u>　年　月　日

编　　写：<u>（业主项目经理）　　　</u>　年　月　日

　　　　　<u>（项目职能人员）　　　</u>　年　月　日

1 概述

1.1 相关说明

1.1.1 术语和定义

（1）线路防护工程：为保障线路安全运行，在铁塔上安装的塔位牌、警告牌、极性牌、航空障碍灯、航标球、在线监控装置或对易受自然环境或人为因素损坏的铁塔基础而修筑的保护帽、防撞桩、挡水墙、挡土墙、排水沟、基础护坡（护面）、防渗墙等设施。

（2）巡视：对正在施工的部位或工序在现场进行定期或不定期的监督检查活动。

1.1.2 适用范围

本作业指导书适用于××±××kV 特高压直流输电线路工程线路防护工程建设管理标准化作业，其他特高压直流输电线路工程可参照执行。

1.1.3 工作依据

业主项目部线路防护施工标准化作业的工作依据为现行的国标、行标、企标有效版本和工程设计相关文件，主要为：

（1）《电力设施保护条例》（2011 年 1 月 8 日修正版）。

（2）GB 2894—2008 《安全标志及其使用导则》。

（3）DL/T 5234—2010 《±800kV 及以下直流输电工程启动及竣工验收规程》。

（4）DL/T 5235—2010 《±800kV 及以下直流架空输电线路工程施工及验收规程》。

（5）DL/T 5236—2010 《±800kV 及以下直流架空输电线路工程施工质量检验及评定规程》。

（6）Q/GDW 1225—2015 《±800kV 架空送电线路施工及验收规范》。

（7）Q/GDW 1226—2015 《±800kV 架空送电线路施工质量检验及评定规程》。

（8）Q/GDW 248—2015 《输变电工程建设标准强制性条文实施管理规程》。

（9）《国家电网公司电力安全工作规程 电网建设部分（试行）（2016 年版）》。

（10）国网（基建/2）112—2015 《国家电网公司基建质量管理规定》。

（11）国网（基建/2）173—2015 《国家电网公司基建安全管理规定》。

（12）国网（基建/2）174—2015 《国家电网公司基建技术管理规定》。

（13）国网（基建/3）186—2015 《国家电网公司输变电工程标准工艺管理办法》。

（14）工程杆塔明细表、基础配置表、平断面图、线路防护施工图等设计图纸。

1.2 工程特点

1.2.1 工程简介

列清标段线路长度、途经区域、基础数量、线路防护型式、防护位置、余土处理方式、原材料要求和工程量、主要地形地貌及自然气候条件、交通条件等。

1.2.2 工艺要求

列清工程设计和施工工艺方面的特殊要求：保护帽是否倒角，挡土墙、挡水墙、主材料类型和砌筑方式；护坡（护面）是否需锚索灌浆挂网；防撞桩成桩方式（明确是现浇还是预制）、混凝土标号、埋设深度；防渗墙混凝土标号，地基处理方式；"三牌"、航空障碍灯、航标球、在线监控装置安装位置与固定方式，航空障碍灯和在线监控装置供电方式等。

2 作业流程

包含作业准备，基面清理，保护帽、防撞桩和防渗墙浇筑、挡水墙、挡土墙、砌筑，标识（警告牌）、航空障碍灯、航标球、在线监控装置安装等作业环节。具体流程见图 2-1。

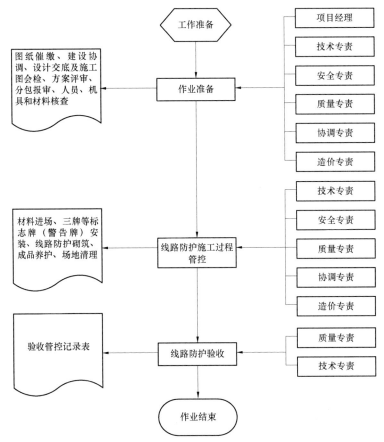

图 2-1　线路防护施工标准化作业流程图

3 职责划分

业主项目部各主要管理人员在线路防护分部工程阶段的主要职责，见职责划分表 3-1。

表 3-1　　　　　　　　　业主项目部人员职责划分表

序号	人员类别	职　责	备注
1	项目经理	参与线路防护工程设计交底暨线路防护施工图会检和特殊线路防护施工方案专家评审，适时组织召开专题协调会解决线路防护工程施工中存在的问题，及时完成现场设计变更、现场签证审核确保线路防护工程安全、规范、有序推进	开工报审和安全、质量、进度和造价管理纳入基础、铁塔和架线分部工程开展

续表

序号	人员类别	职 责	备注
2	技术专责	组织设计交底暨线路防护施工图会检，参与工程现场月度巡查，对线路防护施工过程中发现的各类问题从技术层面提出建设管理单位的意见，督促施工和监理单位在线路防护施工过程中严格执行"三通一标"等标准化建设要求，协调解决线路防护施工过程中出现的技术争议，负责线路防护分部工程相关科研课题、工法、QC技术攻关的组织、推进、结题，及时反馈报送有关信息，确保施工技术的准确输入	
3	安全专责	参与设计交底暨线路防护施工图会检，组织开展工程现场日常安全巡查，参与工程现场月度检查，督促检查基建安全管理在工程过程中的落实情况，重点关注现场安全文明施工、安全技术方案落实、人员教育培训、施工技术交底、班前会、人员到岗到位、同进同出、持证上岗、作业票使用、施工机具和安全防护用品用具配置及使用、施工用电安全、安措费使用等事项，负责设计、施工、监理项目部线路防护工程施工安全管理工作考核、评价及项目建设安全信息上报、传递和发布	线路防护施工安全管理纳入基础、铁塔和架线分部工程同步开展
4	质量专责	参与设计交底暨线路防护施工图会检和特殊线路防护施工方案专家评审，负责线路防护工程质量创优类文件审核，组织开展线路防护工程质量例行检查、随机抽查活动，督促质量强制性条文、防质量通病和质量创优措施得到有效落实，确保标准工艺得到全面应用；督促施工和监理有效开展三级自检和初检；督促整改闭环线路防护施工和各类检查验收中存在的问题	线路防护工程中间验收分别纳入基础、铁塔和架线分部工程开展
5	协调专责	牵头组织线路防护分部工程相关信息、数据、数码照片的录入和上传工作；负责业主项目部来往文件的收发、整理、归档工作；根据档案标准化管理要求督促施工、监理等单位及时完成线路防护施工记录、数码照片、文件资料的收集、整理和组卷工作	
6	造价专责	参与涉及线路防护设施施工设计交底暨施工图会检，负责线路防护工程量审核，配合完成工程进度款申请、费用划拨等工作；负责线路防护设施设计变更和现场签证费用审核，并按规定权限报批	进度款和预结算工作纳入基础、铁塔和架线分部工程开展

4 程序与标准

线路防护分部工程作业程序、标准、风险及预控措施见表4-1。

表4-1　　　　　作业程序与标准管控表

序号	作业程序	责任人	作 业 标 准	作业风险	预控措施
01	作业准备	项目经理 技术专责 安全专责 质量专责 协调专责 造价专责	组织各参建单位高效有序完成线路防护施工各项准备工作，主要包括线路防护施工图纸催缴、建设协调、设计交底及线路防护施工图会检、施工和监理单位人员、作业机具和材料准备工作情况核查，确保线路防护施工顺利开展	施工准备工作未完成或相关准备不符合要求就开展作业，导致作业无法正常开展、作业延期、工程安全和质量失控	不满足线路防护施工条件作业时，立即下发工程暂停令，并报告建设管理单位，同时督促设计、施工或监理单位整改
02	线路防护施工过程管控	技术专责 安全专责 质量专责 协调专责 造价专责	开展例行检查、专项检查、随机检查、安全质量巡查等活动对现场安全质量技术措施落实、施工单位同进同出、人员到岗到位、安全文明施工情况、强条执行、安全质量通病防治措施、标准工艺应用等方面工作进行监督检查；利用影像资料等手段加强施工安全质量过程控制；对检查中发现的各类问题，下发检查问题整改通知单，要求责任单位整改并填写检查问题整改反馈单，并对整改结果进行确认；	未开展线路防护施工过程管控或管控不到位，导致安全、质量问题、施工进度滞后及影响工程结算等后果	落实各级人员职责，按要求开展现场安全质量检查工作，督促现场依据线路防护施工方案有序规范开展作业。定期跟踪线路防护施工进度，出现进度滞后情况及

序号	作业程序	责任人	作 业 标 准	作业风险	预控措施
02	线路防护施工过程管控	技术专责 安全专责 质量专责 协调专责 造价专责	定期盘点施工进度,对施工进度进行纠偏,确保进度与主体工程施工进度匹配;组织开展线路防护施工工程量管理和资料归档工作,依据线路防护施工设计图纸、设计变更、现场签证及经各方确认的工程联系单等资料核对工程量,并将对应工程量纳入基础、铁塔和架线分部工程,以便进度款拨付和工程预结算顺利开展;组织做好创优咨询相关工作		时采取纠偏措施。督促各参建单位按时完成各项资料归档工作。对施工过程中发现的问题及时指出,督促整改
03	线路防护设施验收	技术专责 质量专责	督促完成施工单位三级自检和监理单位检查工作,并将线路防护设施验收纳入基础、组塔和架线分部工程同期一并开展	未按程序开展质量检查,导致线路防护质量不满足验收规范要求、档案资料不完整,影响工程转序	开展质量专项检查;督促监理单位做好线路防护施工旁站、质量检查、控制工作;组织开展标准工艺培训;利用影像资料等手段加强施工质量过程控制

5 作业准备

作业准备涵盖建设协调、设计交底及线路防护施工图会检、方案审查、标准化开工审查等方面的工作。线路防护工程作业准备应与基础、组塔和架线分部工程作业准备同步进行。

5.1 建设协调

5.1.1 外部协调

做好线路防护施工用地外部协调和青赔拆迁等政策处理工作,重大制约性问题上报建设管理单位及时处理,确保线路防护工程依法合规建设,确保线路防护工程施工进程。

5.1.2 内部协调

(1)跟踪三牌(塔位牌、警示牌、极性牌)、航空障碍灯、航标球、在线监控系统等材料的生产进度和供货情况,及时协调解决物资供货中出现的问题。对于物资供货进度和质量问题按要求填写物资供应管控记录表。

(2)协调设计单位按计划将线路防护施工所涉及的杆塔明细表、线路防护施工图、线路防护图纸等设计资料蓝图提交现场,并派工代进驻现场做好设计配合与服务工作。

(3)协调施工和监理单位切实按项目管理实施规划和监理规划要求开展技术文件编制、人员教育培训、机具和物资准备等线路防护施工前期准备工作。

5.2 设计交底与施工图会检

5.2.1 设计交底

按照线路防护工程设计交底并入相应基础、组塔和架线分部工程设计交底工作原则,督促设计单位编制设计交底课件,并组织召开设计交底会,由设计向监理、施工、物资、运行等单位就线路防护设计思路、原则、工艺要求等进行逐一交底,同时签发设计交底会议纪要,填写设计交底管控记录表,确保设计意图在施工过程中得到有效落实。

5.2.2 施工图会检

线路防护工程施工图会检应与基础、组塔和架线分部工程施工图会检同步开展，在基础、组塔和架线施工图会检时，就线路防护设施施工相关问题或疑问予以澄清和答疑，明确线路防护施工工艺标准和要求。

5.3 方案审查

线路防护工程方案（如有）审查应与基础、组塔和架线分部工程方案审查同步开展。

5.4 标准化开工资料审查

5.4.1 资料审查

线路防护施工前，检查并跟踪线路防护工程开工手续办理情况，组织对施工单位上报的分包商资质（一般对应于承担基础、组塔和架线施工任务的分包商）、乙供材料供应商资质、线路防护设施施工进度（并入相应基础、组塔和架线分部工程进度计划）等标准化开工资料进行审查，落实标准化开工条件，填写标准化开工审查管控记录表和工程开工报审管控记录表，确保工程标准化开工。

5.4.2 现场核查

组织对施工和监理单位进入现场的人员、机具、物资、车辆等资源投入情况进行核查，确保现场各类资源投入与项目管理实施规划、监理规划、线路防护施工作业指导书等管理和技术文件相匹配，且满足现场进度、安全、质量管控要求。

6 作业过程管控

线路防护工程作业过程管控主要涉及安全、质量、进度、合同与技经四个方面相关工作。

6.1 安全管控

线路防护工程安全管控主要包含安全风险管理、安全文明施工和安全应急管理三个方面。

6.1.1 安全风险管理

执行《国家电网公司输变电工程施工安全风险识别评估及预控措施管理办法》，组织参建项目部落实线路防护施工安全风险管理要求。

（1）工程开工前，组织项目设计单位对施工、监理项目进行线路防护施工作业风险交底，以及风险作业初勘工作。

（2）组织施工单位编制线路防护分部工程《三级及以上施工安全固有风险识别、评估和预控清册》，并审批通过计算列入三级及以上风险作业的动态结果。

（3）根据工程实际情况，通过开展例行检查、专项检查、随机检查、安全巡查和隐患排查等活动对现场安全技术措施落实、施工单位同进同出、人员到岗到位、安全文明施工情况、安全强条执行等方面工作进行监督检查。

6.1.2 安全文明施工

落实上级有关线路防护分部工程安全文明施工标准及要求，负责工程项目安全文明施工的组织、策划和监督实施工作，确保现场安全文明施工。

（1）核查线路防护施工现场安全文明施工开工条件，对施工、监理单位相关人员的安全资格进行审查。

（2）审批施工单位编制的安全文明施工标准化设施报审计划和安全文明施工费使用计划，组织对进场的安全文明施工标准化设施进行验收。

（3）督促施工单位根据工程现场具体实情和安全文明施工"六化"布置要求，明确现场各区域划分、进场道路、余土堆放、迹地恢复等事项。

（4）工程建设过程中，通过专项整治、隐患曝光、奖励处罚等手段，检查施工、监理单位现场安全文明施工管理情况，填写安全文明施工奖励记录和安全文明施工处罚记录。

（5）按照要求在基建管理信息系统中填报和审批项目安全文明施工管理相关内容。

（6）检查环保、水保措施落实情况，并按照档案管理要求，组织施工、监理单位收集、归档线路防护施工过程中的安全及环境等方面相关资料和数码照片。

6.1.3　安全应急管理

（1）牵头成立工程应急领导小组和现场应急处置组织机构,编制应急预案，督促施工、监理单位在各线路防护施工现场设置应急救援路线、公布应急相关人员和单位联系方式。

（2）将线路防护分部工程施工涉及的触电、火灾、坠落、溺水等的应急演练纳入基础、组塔和架线分部工程应急演练一并开展。

（3）日常工作中，对经费保障、医疗保障、交通运输保障、物资保障、治安保障和后勤保障等措施的落实情况进行检查。

（4）出现紧急情况后，立即启动现场应急预案，组织救援工作，同时上报建设管理单位应急管理机构。

（5）按照要求在基建管理信息系统中填报和审批项目安全应急管理相关内容。

6.2　质量管控

线路防护工程质量管控包括原材料质量管理、强制性条文执行、标准工艺应用、质量通病防治、成品保护等五个方面的工作。

6.2.1　原材料质量管理

参与在线监控装置、航空障碍灯、航标球、"三牌"等物资材料开箱检查，督促监理单位切实落实砂、石、水泥、钢筋等原材料见证取样、送检工作；组织对现场砂、石、水泥、钢筋质量进行抽查。

6.2.2　强制性条文执行

（1）督促设计、施工单位编制《输变电工程设计强制性条文执行计划》和《输变电工程施工强制性条文执行计划》。

（2）督促监理单位每月对设计和施工单位的强条执行情况进行检查。

（3）定期对施工现场的原材料选用等作业内容强条执行情况进行核查，发现问题督促整改。

6.2.3　标准工艺应用

明确工程标准工艺应用目标和要求，组织施工单位编制线路防护分部工程标准工艺应用计划，在各线路防护施工现场设置标准工艺应用展示牌，同时每月组织对线路防护施工现场标准工艺应用情况进行专项检查，推动线路防护设施标准工艺在现场得到 100% 的应用。

6.2.4 质量通病防治

（1）签发质量通病防治任务书。

（2）督促各参建单位制定质量通病防治措施。

（3）督促检查质量通病防治措施在施工现场的落实情况。

6.2.5 成品保护

督促施工单位切实加强线路防护设施成品保护，保护帽、防撞桩、防渗墙、挡土墙、挡水墙、护坡等砌筑完成后，及时进行养护；后续施工前，应采取覆盖、遮挡等可靠措施避免线路防护设施因施工受损。

6.3 进度管控

线路防护设施进度计划按照与基础、组塔和架线主体工程"三同步"的原则进行管控。

6.4 合同与技经管控

线路防护分部工程合同与技经管控主要涉及工程量审核、进度款管理、设计变更与签证、预结算管理等四个方面的工作。

6.4.1 工程量审核

（1）组织运行、设计、施工和监理单位依据线路防护施工设计图纸、工程设计变更及经各方确认的工程联系单等资料核对工程量，并编制完成施工工程量文件。

（2）组织线路防护施工工程量管理和资料归档工作。

6.4.2 进度款管理

线路防护施工进度款支付纳入基础、铁塔和架线分部工程开展。

6.4.3 设计变更与签证

（1）审核线路防护施工设计变更（签证），依据《国家电网公司输变电工程设计变更与现场签证管理办法》，按审批权限分级审批。

（2）完成线路防护施工设计变更（签证）相关审批后，在基建管理信息系统中录入变更（签证）结果及其他相关内容。

（3）监督、检查监理单位及时审核有关造价部分的线路防护施工变更（签证）资料。

（4）填写设计变更（签证）管控记录表上造价管理的内容。

6.4.4 预结算管理

线路防护施工预结算管理纳入基础、铁塔和架线分部工程开展。

7 线路防护验收

线路防护设施验收纳入基础、组塔和架线分部工程同期一并开展。

8 管控记录

线路防护分部工程作业过程中应形成如表 8-1 所示记录表，表格样式见附录 A。

表 8-1　　　　　　　　　　　线路防护分部工程标准化作业管控记录表

序号	记 录 名 称	份数	保存单位
1	设计交底管控记录表	1	建设管理单位
2	施工图会检管控记录表	1	建设管理单位
3	工程开工报审管控记录表	1	建设管理单位
4	安全文明施工奖励记录	1	建设管理单位
5	安全文明施工处罚记录	1	建设管理单位
6	设计变更审批单	1	建设管理单位
7	现场签证审批单	1	建设管理单位

9　考核

9.1　作业过程指标

9.1.1　安全目标

不发生六级及以上人身事件；不发生因工程建设引起的六级及以上电网及设备事件；不发生六级及以上施工机械设备事件；不发生火灾事故；不发生环境污染事件；不发生负主要责任的一般交通事故；不发生基建信息安全事件；不发生对公司造成影响的安全稳定事件。

9.1.2　质量目标

输变电工程"标准工艺"应用率100%；工程"零缺陷"投运；实现工程达标投产及国家电网公司优质工程目标；创中国电力优质工程，创国家级优质工程金奖；工程使用寿命满足公司质量要求；不发生因工程建设原因造成的六级及以上工程质量事件。

9.1.3　进度目标

确保线路防护分部工程开、竣工时间和里程碑进度计划按时完成。落实线路防护分部工程计划开工时间，完成时间节点。

9.2　作业结果指标

根据国家电网公司对有关业主、设计、监理、施工、物资等相关单位的评价办法进行考核。

9.2.1　业主项目部评价

对业主项目部的综合评价主要包括业主项目部标准化建设、重点工作开展情况、工作成效三个方面，具体评价内容及评价标准参见业主项目部综合评价表。

9.2.2　设计单位评价

按照《国家电网公司输变电工程设计质量管理办法》相关规定，业主项目部配合建设管理单位完成对设计单位的施工图设计、设计变更、现场服务和竣工图设计四个部分的质量评价，具体评价指标及评价标准依据《国家电网公司输变电工程设计质量管理办法》。

9.2.3 监理项目部评价

业主项目部对监理项目部的综合评价主要包括项目部组建及资源配置、项目管理、安全管理、质量管理、造价管理与技术管理六个方面，具体评价内容及评价标准参见监理项目部综合评价表。

9.2.4 施工项目部评价

业主项目部对施工项目部的综合评价主要包括项目部组建及管理人员履职、项目管理、安全管理、质量管理、造价管理与技术管理六个方面，具体评价内容及评价标准参见施工项目部综合评价表。

9.2.5 物资管理部门考核

在项目实施过程中，业主项目部配合建设管理单位物资管理部门对物资供应商在产品设计、生产制造、发货运输、交货验收、安装调试、售后服务等方面的履约行为进行全过程评价。

附录A 管控记录样表

A.1 设计交底管控记录表

设计交底管控记录表

工程名称：　　　　　　　　　　　　　　　　　　　　　　　　　　　　编号：

会议名称	＿＿＿＿＿＿＿＿＿＿＿＿＿＿＿设计交底会			
会议日期及地点	会议日期：＿＿＿＿＿＿＿会议地点：＿＿＿＿＿＿＿			
参会单位				
交底主要内容				
会议纪要情况	起草：＿＿＿＿＿＿＿日期：＿＿＿＿＿＿＿ 本纪要于＿＿＿＿＿＿年＿＿月＿＿日经＿＿＿＿＿＿＿＿签发			
纪要发放记录	接收部门（单位）	接收人	发放人	日期
	⋮			

注　本表由技术管理专责在设计交底会后根据会议情况，在完成会议纪要编写、签发、发放等工作时即时填写。每次会议单独填写本表，编号顺延（设计交底纪要由设计院编发，本表仅作为记录管控用）。

A.2　施工图会检管控记录表

施工图会检管控记录表

工程名称：　　　　　　　　　　　　　　　　　　　　　　　　编号：

会议名称	＿＿＿＿＿＿＿＿＿＿＿＿＿＿＿＿施工图会检会			
会议日期及地点	会议日期：＿＿＿＿＿＿＿会议地点：＿＿＿＿＿＿			
参会单位				
会议确定主要事项				
会议纪要情况	起草：＿＿＿＿＿＿＿日期：＿＿＿＿＿＿ 本纪要于＿＿＿＿年＿＿月＿＿日经＿＿＿＿＿＿签发			
纪要发放记录	接收部门（单位）	接收人	发放人	日期
	⋮			
会议事项落实情况	技术管理专责：＿＿＿＿；日期：＿＿＿＿ 质量管理专责：＿＿＿＿；日期：＿＿＿＿ 业主项目经理：＿＿＿＿；日期：＿＿＿＿			

注　本表由技术管理专责在施工图会检会后根据会议情况，在完成会议纪要编写、签发、发放等工作时即时填写，技术管理专责、质量管理专责、业主项目经理共同对会议落实事项进行监督落实，按规定期限完成。每次会议单独填写本表，编号顺延。

A.3 工程开工报审管控记录表

工程开工报审管控记录表

工程名称：　　　　　　　　　　　　　　　　　　　　　　　　　　编号：

文件名称	＿＿＿＿＿＿＿＿＿＿＿＿＿＿＿＿＿＿开工报审表
接收日期	于＿＿年＿＿月＿＿日接到＿＿＿＿＿＿＿＿＿＿＿＿施工项目部的报审文件。 接收人：＿＿＿＿＿＿＿＿
审核依据	《建设工程项目管理规范》《国家电网公司基建管理通则》《国家电网公司基建项目管理规定》《国家电网公司输变电工程进度计划管理办法》《国家电网公司业主项目部标准化管理手册》《国家电网公司监理项目部标准化管理手册》《国家电网公司施工项目部标准化管理手册》，本工程建设管理纲要、设计合同、施工合同、监理合同，其他相关规程规范及经批准的设计文件等
审核意见	 建设协调专责：＿＿＿＿＿＿；日期：＿＿＿＿＿＿
批准	业主项目经理：＿＿＿＿＿＿；日期：＿＿＿＿＿＿

注　本表由建设协调专责、业主项目经理在收到文件、出具审核意见及批准时分别填写，在接到报审文件两周内完成。

A.4 安全文明施工奖励记录

序号	日期	奖励事由	金额	受奖励单位	受奖励单位项目负责人签字	业主项目经理签字

注 本表由业主项目部安全专责填写。

A.5 安全文明施工处罚记录

序号	日期	处罚事由	金额	受处罚单位	受处罚单位项目负责人签字	业主项目经理签字

注 本表由业主项目部安全专责填写。

A.6　设计变更审批单

设 计 变 更 审 批 单

工程名称：　　　　　　　　　　　　　　　　　　　　　　编号：

致　　　　　　　（监理项目部）： 变更事由： 变更费用： 附件：1. 设计变更建议或方案。 　　　2. 设计变更费用计算书。 　　　3. 设计变更联系单（如有）。 　　　……   设　　总：　　（签　字） 设计单位：　　（盖　章） 日　　期：　　年　　月　　日

监理单位意见	施工单位意见
        总监理工程师：(签字并盖项目部章) 日期：　　年　　月　　日	 项目经理：(签字并盖项目部章) 日期：　　年　　月　　日
业主项目部审核意见 专业审核意见： 项目经理：（签字） 日期：　　年　　月　　日	建设管理部门审批意见 建设（技术）审核意见： 技经审核意见： 部门分管领导：（签字并盖部门章） 日期：　　年　　月　　日

注　1. 编号由监理项目部统一编制，作为审批设计变更的唯一通用表单。

　　2. 一般设计变更执行设计变更审批单，重大设计变更执行重大设计变更审批单。

　　3. 本表一式五份（施工、设计、监理、业主项目部各一份，建设管理单位存档一份）。

A.7　现场签证审批单

现 场 签 证 审 批 单

工程名称：　　　　　　　　　　　　　　　　　　　　　　　　　　编号：

致＿＿＿＿＿＿＿＿＿（监理项目部）：	
签证事由：	
签证费用：	
附件：1. 现场签证方案。 　　　2. 签证费用计算书。 　　　……	
	项目经理：＿＿＿（签　字） 施工单位：＿＿＿（盖　章） 日　　期：＿＿年＿＿月＿＿日
监理单位意见： 总监理工程师：（签字并盖项目部章） 日期：＿＿年＿＿月＿＿日	设计单位意见： 设总：（签字并盖公章） 日期：＿＿年＿＿月＿＿日
业主项目部审核意见 专业审核意见： 项目经理：（签字） 日期：＿＿年＿＿月＿＿日	建设管理部门审批意见 建设（技术）审核意见： 技经审核意见： 部门分管领导：（签字并盖部门章） 日期：＿＿年＿＿月＿＿日

注　1. 编号由监理项目部统一编制，作为审批现场签证的唯一通用表单。

　　2. 一般签证执行现场签证审批单，重大签证执行重大签证审批单。

　　3. 本表一式五份（施工、设计、监理、业主项目部各一份，建设管理单位存档一份）。